全国信息技术人才培养工程指定培训教材

Photoshop平面设计基础与应用

侯蕾　左花苹　程传鹏　编著

工业和信息化部电子教育与考试中心　组编

人民邮电出版社

北　京

图书在版编目（ＣＩＰ）数据

Photoshop平面设计基础与应用 / 侯蕾，左花苹，程传鹏编著. —北京：人民邮电出版社，2009.7
ISBN 978-7-115-19925-6

Ⅰ. P… Ⅱ.①侯…②左…③程… Ⅲ. 平面设计－图形软件，Photoshop Ⅳ. TP391.41

中国版本图书馆CIP数据核字（2009）第073739号

内 容 提 要

　　本书是全国信息技术人才培养工程指定培训教材。主要内容包括 Photoshop 的基础知识与基本操作、编辑选区、图像编辑方法、绘画与修饰工具、调整图像的色彩、图层的应用、文字的创建与编辑、通道和蒙版、形状与路径、滤镜的应用、图像的优化与 Web 图像输出，以及综合实例，包括文字特效、照片处理、海报设计、书籍装帧、网页设计等。

　　本书的内容选择突出实用性和先进性，反映了目前 Photoshop 的主流应用，而且强调不同应用之间的有机结合。本书在写作时，既用尽可能简洁和通俗的语言描述了必备的理论知识，又提供了翔实的操作案例和实训内容。

　　本书非常适合作为平面设计相关专业的培训教材，也可供其他专业学生及广大平面设计爱好者和技术人员学习参考。

Photoshop 平面设计基础与应用

◆ 编　著　侯　蕾　左花苹　程传鹏
　　组　编　工业和信息化部电子教育与考试中心
　　责任编辑　李　莎

◆ 人民邮电出版社出版发行　　北京市崇文区夕照寺街 14 号
　　邮编　100061　电子函件　315@ptpress.com.cn
　　网址　http://www.ptpress.com.cn
　　中国铁道出版社印刷厂印刷

◆ 开本：787×1092　1/16
　　印张：16.5
　　字数：393 千字　　　　　　　2009 年 7 月第 1 版
　　印数：1 – 4 000 册　　　　　2009 年 7 月北京第 1 次印刷

ISBN 978-7-115-19925-6/TP

定价：28.00 元

读者服务热线：(010)67132692　印装质量热线：(010)67129223
反盗版热线：(010)67171154

序

当今世界，随着信息技术在经济社会各领域不断地深化应用，信息技术对生产力甚至是人类文明发展的巨大作用越来越明显。党的"十七大"提出要"全面认识工业化、信息化、城镇化、市场化、国际化深入发展的新形势新任务"，"发展现代产业体系，大力推进信息化与工业化融合"，明确了信息化的发展趋势，首次鲜明地提出信息化与工业化融合发展的崭新命题，赋予我国信息化全新的历史使命。近年来，日新月异的信息技术呈现出新的发展趋势，信息技术与其他技术的结合更为紧密，信息技术应用的深度、广度和专业化程度不断提高。

我国的信息产业作为国民经济的支柱产业正面临着有利的国际、国内形势，电子信息产业的规模总量已进入世界大国行列。但是我们也清楚地认识到，与国际先进水平相比，我们在产业结构、核心技术、管理水平、综合效益、普及程度等方面，还存在较大差距，缺乏创新能力与核心竞争力，"大"而不强。国际国内形势的发展，要求信息产业不仅要做大，而且要做强，要从制造大国向制造强国转变，这是信息产业今后的重点工作。要实现这一转变，人才是基础。机遇难得，人才更难得，要抓住本世纪头二十年的重要战略机遇期，加快信息行业发展，关键在于培养和使用好人才资源。《中共中央、国务院关于进一步加强人才工作的决定》指出，人才问题是关系党和国家事业发展的关键问题，人才资源已成为最重要的战略资源，人才在综合国力竞争中越来越具有决定性意义。

为抓住机遇，迎接挑战，实施人才强业战略，原信息产业部于2004年启动了"全国信息技术人才培养工程"。根据工业和信息化部人才工作要点中关于"继续组织实施全国信息技术人才培养工程"的要求，工业和信息化部电子教育与考试中心将继续推进全国信息技术人才培养工程二期工作的开展。该项工程旨在通过政府政策引导，充分发挥全行业和全社会教育培训资源的作用，建立规范的信息技术教育培训体系、科学的培训课程体系、严谨的信息技术人才评测服务体系，培养大批行业急需的、结构合理的高素质信息技术应用型人才，以促进信息产业持续、快速、协调、健康的发展。

根据信息产业对技术人才素质与能力的需求，在充分吸取国内外先进信息技术培训课程优点的基础上，工业和信息化部电子教育与考试中心组织各方专家精心编写了信息技术系列培训教材。这些教材注重提升信息技术人才分析问题和解决问题的能力，对各层次信息技术人才的培养工作具有现实的指导意义。我们谨向参与本系列教材规划、组织、编写的同志致以诚挚的感谢，并希望该系列教材在全国信息技术人才培养工作中发挥有益的作用。

工业和信息化部电子教育与考试中心

前言

Photoshop 是目前应用广泛的平面设计软件，其强大的功能一直备受人们的青睐。为帮助广大读者快速掌握使用 Photoshop 的方法，我们特编写了本书，全面、系统地介绍了运用 Photoshop 设计与制作动画的基础知识与应用技巧。

本书导读

本书既重视基础知识的讲解，亦重视操作技能的培养，以使读者既能够获得扎实的基本功，又能将所学知识灵活运用于实际工作之中。

第 1 讲与第 2 讲的主要内容是 Photoshop 的基本功能、文件操作、设置个性化界面以及图像的相关操作等，以帮助读者熟悉 Photoshop 的工作界面，了解其工作原理并掌握其基本操作，为进一步学习打下坚实的基础。

第 3 讲与第 4 讲的主要内容是编辑选区与图像的方法，以帮助读者能通过这些方法设计并制作一些简单的图像效果。

第 5 讲与第 6 讲的主要内容是画笔工具组，橡皮擦工具，渐变工具，油漆桶工具，图章工具组，历史记录工具组修复画笔工具组，模糊、锐化和涂抹工具，减淡、加深和海绵工具的使用方法，以帮助读者掌握运用 Photoshop 中常用的绘画与修饰工具进行图像处理的方法。

第 7 讲的主要内容是图像的色彩模式，以及调整图像色彩与处理特殊图像颜色的方法，以帮助读者掌握处理图像色彩的方法。

第 8 讲与第 9 讲的主要内容是图层的概念、类型、样式、编辑，以及图层的调整等，以帮助读者掌握应用图层来处理与编辑图像的方法。

第 10 讲～第 13 讲的主要内容有文字的创建与编辑、通道与蒙版的操作、形状与路径的应用、滤镜的应用，以帮助读者能运用文字工具、通道与蒙版、形状与路径、滤镜等制作出效果更为丰富的图形图像作品。

第 14 讲与第 15 讲的主要内容有图像的优化、Web 图像的输出，以及图像的印前工作与打印输出等，以帮助读者掌握与实际工作紧密相关的图像优化与输出方法。

本书特色

■ 量身打造，易学易用：本书立足基础，侧重应用，使读者学习更容易，上手更快捷。

■ 案例加练习，边学边练：本书以"练一练"和"案例"的方式将源于实际工作中的案例与操作技巧融入学习过程，使读者能对各知识点进行充分的练习与巩固，培养读者的实际操作能力，取得事半功倍的效果。

■ 提示技巧，贴心周到：本书对读者在学习过程中可能会遇到的疑难问题以"提示"和"技巧"的形式进行了说明，以免读者在学习的过程中走弯路。

■ 教学资源立体化，教学更轻松：提供与本书配套的立体化教学资源，包含教学大纲、教案、教学素材、演示文档等，使教师授课更加轻松。

本书得到了工业和信息化部电子教育与考试中心的高级工程师盛晨媛的指导，并由侯蕾、左花苹、程传鹏编著，参与资料整理的人员有胡芬、任芳、于继荣、陈小杰、王果和安海涛等，在此对大家的辛勤工作一并表示衷心的感谢！

严谨、求实、高品质是我们追求的目标，尽管我们力求准确和完善，但由于时间紧迫，水平有限，书中难免会存在一些不足之处，衷心希望广大读者批评指正并提出宝贵的意见，我们将努力为您提供更完善的服务与支持。我们的联系信箱为：lisha@ptpress.com.cn。

编　者

2009 年 4 月

目　录

第14讲
图像的优化与 Web 图像输出 215

第15讲
图像的印前工作与打印 221

第16讲
综合实例 228

第 1 讲 初识 Photoshop

本讲要点

- 了解像素与分辨率的概念及其关系
- 了解位图与矢量图的特点和区别
- 熟悉 Photoshop 的工作界面
- 掌握文档导航
- 了解辅助工具和 Adobe 的帮助功能

快速导读

本讲主要介绍了 Photoshop 的基本功能、工作界面、像素、图像分辨率、常用的图像文件格式等内容。学习重点是 Photoshop 的工作界面、基本知识；难点是像素和分辨率。

1.1　Photoshop 的基本功能

Adobe 公司的 Photoshop 是目前最优秀的图像处理软件之一，被广泛地应用在平面设计、网页设计、照片修正、图像合成、3D 设计等领域，是许多已从事或即将从事平面设计工作人员的必备工具。Photoshop 的功能很多，基本有以下几方面。

1. 影像合成

主要用于平面广告设计、艺术创作中必要的移植和嫁接，如对照片进行处理。

2. 图像拍摄与处理

用数码相机拍摄的照片在 Photoshop 中可进行亮度调整、滤镜等多项处理，使之产生各种不同的效果。

3. 创作艺术作品

使用 Photoshop 可以对图片和文字进行各种艺术效果的处理，创作出具有特殊风格的艺术作品。

4. 制作插画

将 Photoshop 处理过的图片导入排版软件中可以制作出优美的插画。

5. 创建 Web 图像

可以使用 Photoshop 处理精美的图像或动画，并将之存储为不同的 Web 格式，上传到网络上。

6. 阴影/高光校正

使用 Photoshop 中的阴影/高光校正功能可快速改善图像曝光过度或曝光不足区域的对比度，同时保持照片的整体平衡。

7. 路径文本

通过将文本置于路径或图形内来创建印刷格式的文字图像。可随时编辑文本，甚至可在 Adobe Illustrator 软件中编辑。

8. 全面支持 16 位图像

借助软件对 16 位图像的扩展支持，执行更为精确的编辑和润色操作，包括图层、画笔、文本、形状等。

9. 图层组合

通过将同一文件内的不同图层组合另存为"图层组合"，更有效地创建出不同的图像效果。

1.2　Photoshop 工作界面

Adobe 公司对 Photoshop CS3 的工作界面进行了重大的改进。与以往的版本相比，Photoshop CS3 的工作界面不仅在风格上有了变化，工具和调板的使用方法也更加灵活，操作区域也变得更加开阔。

1. Photoshop 的启动

（1）选择"开始"菜单中的程序"Photoshop CS3"，或者双击桌面的快捷图标，也可以运行 Photoshop CS3。

（2）启动软件后，选择【文件】→【打开】命令，打开一个图像文件，使可看到 Photoshop CS3 的工作界面，如图 1.1 所示。

图 1.1　Photoshop CS3 的工作界面

2. Photoshop CS3 的工作界面

主要由标题栏、菜单栏、工具箱、工具选项栏、调板、状态、图像窗口等部分组成。

（1）标题栏：标题栏位于工作界面的最上方。当图像窗口最大化显示时，标题栏中会显示当前文档的名称、视图比例和颜色模式等信息。

（2）菜单栏：Photoshop 中有 10 个主菜单，每一个菜单中都包含不同类型的命令，通过执行菜单中的命令可以完成相应的图像处理操作。

- 【文件】菜单提供用于处理文件的基本操作命令。
- 【编辑】菜单提供用于进行基本编辑操作的命令。
- 【图像】菜单提供用于处理画布图像的命令。
- 【图层】菜单提供用于处理图层的命令。
- 【选择】菜单提供用于处理选区的命令。
- 【滤镜】菜单提供用于处理滤镜效果的命令。

- 【视图】菜单提供一些基本的视图编辑命令。
- 【分析】菜单提供用于分析和测量数据的命令。
- 【窗口】菜单提供一些基本的调板启用命令。
- 【帮助】菜单提供一些帮助命令。

（3）工具箱：工具箱是用来存放图像操作工具的窗口。Photoshop 的工具箱中提供的工具有 60 多种。通过这些工具，可以使用文字、选择、绘画、绘制、取样、编辑、移动、注释和查看图像等功能。工具箱如图 1.2 所示。

图 1.2　工具箱

单击工具箱的顶部的 ◄◄ 按钮可以实现工具箱的展开和折叠。在工具箱中，工具分类存放，一些作用相近的工具作为一组放在同一个工具按钮下，这类工具按钮的右下角会带有一个黑色的小三角形。用鼠标按住带有小三角形的工具按钮不放开，即可弹出其他工具。拖动鼠标到想要使用的工具上单击，即可选定该工具。

┃ **提 示** ┃

当光标停留在工具上时，则会显示工具的名称及其快捷键的提示。在英文输入状态下，按下快捷键就能选择与其相对应的工具。例如，按下 E 键可选择橡皮擦工具。按下 Shift 键+工具快捷键，可以在一组工具中循环地选择工具。

（4）工具选项栏：工具选项栏显示了当前所选工具的选项，选择的工具不同，选项栏中的选项内容也会随之变化。选中【画笔工具】状态时的选项栏如图 1.3 所示。选项栏中的一些设置（例如模式和不透明度）对于许多工具而言是通用的，但是有些设置则专用于某个工具（例如用于铅笔工具的【自动抹掉】设置）。

图 1.3　【画笔工具】选项栏

（5）调板：主要是把各种类型的工具进行分类，将具有同一类功能的工具放到同一个操作窗口中。例如，【图层】调板中所有的功能都是围绕对图层的编辑进行设定的。这样的设定可以节省用户寻找工具的时间，从而提高工作效率。如图 1.4 所示。

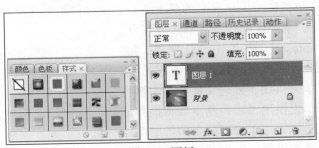

图 1.4　调板

默认情况下，调板以组的方式堆叠在一起。用鼠标左键拖曳调板的顶端移动位置可以移动调板组。还可以单击调板左侧的各类调板标签打开相应调板。

（6）状态栏：状态栏位于每个文档窗口的底部，显示了当前文档的相关信息，例如文档大小、文档尺寸、当前工具和视图比例等。如图 1.5 所示。

单击状态栏上的黑色三角可以弹出一个列表框，可从中选择各种用于显示文档状态信息的命令。如图 1.6 所示。

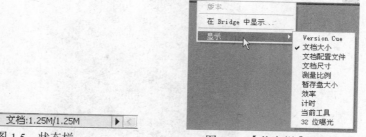

图 1.5　状态栏

图 1.6　【状态栏】列表框

选择相应的图像状态，状态栏的信息显示情况也会同时改变，例如选择【文档尺寸】，将显示有关文档尺寸的信息。如图 1.7 所示。

（7）图像窗口：用于显示图像的名称、百分比、色彩模式以及当前图层等信息。如图 1.8 所示。

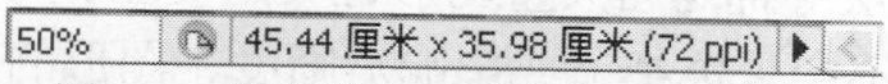

图 1.7　状态栏中显示文档尺寸的信息

图 1.8　图像窗口

单击窗口右上角的▁图标可以最小化图像窗口，单击▢图标可以最大化图像窗口，单击▨图标则可关闭图像窗口。

1.3　Photoshop 的基本知识

Adobe 公司的 Photoshop 是现今使用最为广泛的、功能最强大的图像处理软件之一，使用它可以制作出精美绝伦的图片。下面先来介绍图像处理前需要了解和掌握的一些基本知识。

1.3.1　像素

像素是组成图像的最基本的单位，它们是矩形的色块。每一个像素都有一个明确的位置和颜色值，记录着图像的颜色信息。像素所占用的存储空间决定了图像色彩的丰富程度，一个图像的像素越多，所包含的颜色信息就越多，图像的效果就越好，但生成的图像文件也会更大。

在 Photoshop 中，像素可以用矩形的小方块表示。当将图像的视图比例放大至最大程度时（可以使用缩放工具放大图像），就可以看到类似马赛克的小方块。如图 1.9 所示。

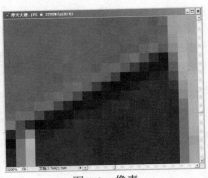

图 1.9　像素

1.3.2　关于矢量图和位图

计算机中的图像是以数字的方式记录、处理和存储的，按照用途可将其分为 2 大类：矢量图形和位图图像。Photoshop 是位图软件，但它也可以创建和处理矢量数据。

1. 矢量图

所谓矢量图是指使用线条绘制的各种图形，由于图形在存储时保存的是其形状和填充属性，因此，矢量图的优点是占用的空间小，并且放大后不会失真（也就是说与分辨率无关）。但是，图形的缺点是其色彩比较单调。

Photoshop 中的钢笔工具、形状工具、形状图层等都是与矢量图形有关的功能。矢量图形与分辨率无关，图形无论放大或缩小多少，都不会丢失细节或影响清晰度，图形的边缘也不会出现锯齿。它常用于图案、标志、VI、文字等设计工作。

2. 位图

也叫做栅格图像，是以无数的色彩点组成的图案，当图像无限放大时会看到一块一块的像素色块，效果会失真。它使用像素来表现图像，每个像素都分配有特定的位置和颜色值。在处理位图图像时，编辑的是像素，而不是对象或形状。它常用于图片处理、影视婚纱效果图等。

由于系统在保存位图时保存的是图像中各点的色彩信息，因此，其优点是画面细腻，主要用于保存各种照片图像。但是，位图的缺点是文件太大，而且其清晰度和分辨率有关。因此，将位图图像放大到一定程度后，图像效果将变模糊。

1.3.3　分辨率

分辨率，是指在单位长度内所含的点的（即像素）的多少。分辨率有很多种，可以分为以下几种类型。

（1）图像分辨率：是指每英寸图像含有多少个点或像素，分辨率的单位为 dpi，例如 500dpi 就表示该图像每英寸含有 500 个点或像素。在 Photoshop 中也可以用 cm 为单位计算分辨率。用 cm 来计算所得的数值比以 dpi 为单位的数值要小得多。分辨率的大小直接影响图像的品质，分辨率越高，则图像越清晰，产生的文件也就越大，工作时所需的内存和 CPU 的处理时间也越高。所以在制作图像时，不同品质的图像就需要设定适当的分辨率，才能最经济有效地设计出作品。例如，需要打印输出的图像分辨率就要高一些，如果只是在屏幕上预览的图像就可以低一些。另外，图像的尺寸、分辨率和图像文件的大小有着密切关系。一个分辨率相同的图像，如果尺寸不同，文件的大小也不同，尺寸越大则保存的文件也越大。

（2）设备分辨率：是指每单位输出长度所代表的点数和像素。它与图像分辨率不同的是，图像分辨率可以更改，而设备分辨率则不可以更改。例如，常见的显示器、扫描仪和数字照相机这些设备各自有一个固定的分辨率。

（3）屏幕分辨率：又称屏幕频率，是指打印灰度级图像或分色所用的网屏上每英寸的点数，它是用每英寸上有多少行来测量的。

（4）位分辨率：也可叫位深，用来衡量每个像素存储的信息位元数。这个分辨率决定在图像的每个像素中存放多少颜色信息。一般常见的有 8 位、16 位、24 位或 32 位色彩。

（5）输出分辨率：是指激光打印机等输出设备在输出图像时每英寸所产生的点数。

1.3.4　颜色深度

颜色深度用来度量图像中有多少颜色信息可用于显示或打印像素，其单位是"位"，所以颜色深度有时也称为位深度。常用的颜色深度是 1 位、8 位、24 位和 32 位。1 位有 2 个可能的数值是 0 或 1。较大的颜色深度意味着数字图像具有较多的可用颜色和较精确的颜色表示。

1.3.5　颜色模型和模式

颜色模型用于描述我们在数字图像中看到和使用的颜色。常用的颜色模型有 RGB、CMYK、Lab 和 HSB，每种颜色模型通常用数字来表示描述颜色的不同方法。

在 Photoshop 中，文档的颜色模式用于确定显示和打印所处理的图像的颜色方法。Photoshop 的颜色模式基于颜色模型，而颜色模型对于印刷中使用的图像非常有用。常用的颜色模式有 RGB 模式、CMYK 模式、Lab 模式、HSB 模式、位图模式、灰度模式和多通道模式，以及用于特殊色彩输出的索引颜色和双色调模式等。颜色模式决定了图像中的颜色数量、通道数量、文件大小和文件格式。此外，颜色模式还决定了图像在 Photoshop 中是否可以进行某些操作，例如，位图模式的图像不能应用滤镜，也不能进行变换操作。下面简要介绍几种颜色模式。

（1）RGB 模式：是 Photoshop 中最常用的一种色彩模式，又叫加色模式。RGB 模式通过红（R）、绿（G）、蓝（B）三个颜色通道的变化以及它们相互之间的叠加来得到各式各样的颜色，RGB 即代表红、绿、蓝三个通道的颜色。RGB 模式使用 RGB 模型给彩色图像中每个像素的 RGB 分量分配一个从 0（黑色）到 255（白色）范围的强度值。例如，一种明亮的红色可能 R 值为 246，G 值为 20，B 值为 50。当 3 种分量的值相等时，结果是灰色；当所有分量的值都是 255 时，结果是纯白色；而当所有值都是 0 时，结果是纯黑色。RGB 图像只使用 3 种颜色，3 种原色混合起来可以产生 1 670 万种颜色。RGB 图像为三通道图像，因此每个像素包含 24 位（8×3）。新建 Photoshop 图像的默认模式为 RGB，计算机显示器总是使用 RGB 模型显示颜色。这意味着在非 RGB 颜色模式（如 CMYK）下工作时，Photoshop 会临时将数据转换成 RGB 数据再在屏幕上显示出现。

（2）CMYK 模式：是一种印刷模式，CMYK 模式产生色彩的方式称为减色法。在处理图像时，一般不采用 CMYK 模式，因为这种模式文件大，会占用更多的磁盘空间和内存。此外，在这种模式下，有很多滤镜都不能使用，不便于编辑图像，因而通常在印刷时才转换成这种模式。

（3）位图模式：这种模式只有黑色和白色 2 种模式。因此，在这种模式下不能制作出色调丰富的图像，只能制作出一些黑白两色的图像。当要将一幅彩色图像转换成黑白图像时，必须先将图像转换成灰度模式的图像，然后将它转换成只有黑白两色的图像，即位图模式的图像。

（4）灰度模式：此模式的图像可以表现出丰富的色彩，但始终是一幅黑白的图像。灰度模式中的像素是由 8bit 的位分辨率来记录的，因此能表现 256 种色调。

（5）Lab 模式：其原理是基于人对颜色的感觉。Lab 模式体现的是正常视力的人能够看到的所有颜色。因为 Lab 描述的是颜色的显示方式，而不是设备（如显示器、桌面打印机或数码相机）生成颜色所需的特定色料的数量，所以 Lab 被视为与设备无关的颜色模型。

（6）HSB 模式：其原理是将色彩分解为色调、饱和度及亮度，通过调整色调、饱和度及亮度得到颜色和变化。在 Photoshop 中不能将其他模式转换成 HSB 模式，因为 Photoshop 不直接支持这种模式。

（7）索引颜色模式：这种模式在印刷中很少使用，但广泛应用在多媒体制作中。该模式下，图像像素用一个字节表示，它最多包含有 256 色的色表，储存并索引其所用的颜色，它的图像质量不高，占空间较小。

1.3.6 常用的图像文件格式

图像的文件格式决定了图像数据的存储内容和存储方式，以及文件是否与一些应用程序兼容，还涉及如何与其他程序交换数据等。

Photoshop 支持多种格式的文件图像，读者可以根据图像的使用需要和不同软件的要求来选择文件的存储格式。以下是常用的图像文件格式。

（1）PSD 格式：这是由 Photoshop 生成的默认的文件格式，它支持 Photoshop 所有的特性，可以保存图层、通道和任何一种颜色模式。将文件保存为 PSD 格式后可以随时进行编辑和修改。PSD 格式保存的信息较多，所以生成的文件也较大。由于其专业性较强，其他图形软件不能读取该类文件。

（2）JPEG 格式：这是应用最广泛的一种可跨平台操作的压缩格式文件，其最大特点是压缩性很强。它支持 CMYK、RGB 和灰度模式，但不能保存 Alpha 通道。在将文件存储为 JPEG 格式时，弹出如图 1.10 所示的对话框。在"品质"选项中可以设置压缩后图像的品质级别，品质级别越高，得到的图像品质越高，但文件越大；品质级别越低，得到的图像品质越低，但文件越小。JPEG 图像在打开时会自动解压缩。

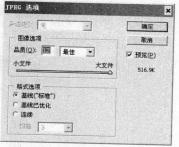

图 1.10　【JPEG】选项对话框

（3）TIFF 格式：这是一种通用的文件格式，用于在应用程序和计算机平台之间交换文件，几乎所有的绘画、图像编辑和页面排版程序都支持该格式。TIFF 格式支持具有 Alpha 通道的 CMYK、RGB、Lab、索引颜色和灰度模式图像，以及没有 Alpha 通道的位图模式图像，还可以保存图层。在将文件存储为 TIFF 格式时，可以选择一种压缩方式。

（4）GIF 格式：这是一种用 LZW 压缩的格式，可以减小文件的大小，减少传输时间。GIF 格式可以保留索引颜色图像中的透明度，但不支持 Alpha 通道。GIF 文件主要用于网络传输、主页设计等。

（5）PDF 格式：这是一种灵活的、跨平台、跨应用程序的文件格式，主要用于网上出版。PDF 格式支持 RGB 模式、CMYK 模式、索引模式、灰度模式、位图模式和 Lab 模式，但不支持 Alpha 通道。可以使用 PDF 格式将多个图像存储在多页面文档或幻灯片放映演示文稿中。

（6）BMP(Windows Bitmap)格式：这是微软公司专为 Windows 环境开发的一种标准图像文件格式，这种格式被大多数软件所支持。BMP 格式采用了一种叫 RLE 的无损压缩方式，对图像质量不会产生什么影响。最适合处理黑白图像文件，清晰度很高。

（7）TGA 格式：这是计算机上应用最广泛的图像文件格式，支持 32 位图像色彩，可以保存 Alpha 通道信息。

1.4　Photoshop 的预置与优化

在使用 Photoshop 时可以自定义 Photoshop 的工作环境，这样可以使操作更方便，还能加快 Photoshop 的运行速度。

1. Photoshop 的预置

通过设置 Photoshop 的常用预置参数，可以更有效地提高 Photoshop 的运行效率，使 Photoshop 更加符合用户的操作习惯。Photoshop 预置参数的设置命令位于【编辑】→【首选项】菜单中，下面介绍常用预置参数的设置。

（1）选择【编辑】→【首选项】→【常规】命令，弹出【首选项】对话框，默认情况下显示"常规"选项。该选项主要用于对"拾色器"、"图像插值"、"用户界面字体大小"等项进行设置。如图 1.11 所示。

（2）【界面】选项，包含【常规】和【调板】选项。该选项主要用于对常规界面以及调板进行设置。

（3）【文件处理】选项主要用于设置进行文件存储操作时的参数选项的设定。

（4）【性能】选项主要用于设置 Photoshop 的内存优化、历史记录状态和图像高速缓存的参数选项。

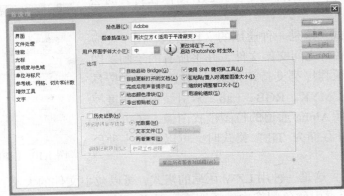

图 1.11 【首选项】对话框

（5）【光标】选项主要用于设置 Photoshop 中的显示和光标的样式方面的参数选项。

（6）【透明度与色域】选项：在应用图层时，经常用到设置透明度的选项，为了编辑方便，必须设定透明区域的显示，以便区分透明区域和不透明区域。

（7）【单位与标尺】选项主要设置单位与标尺相关的参数选项的设定。

（8）【参考线、网格、切片和计数】选项主要设置与参考线、网格、切片和计数相关的参数选项的设定。

（9）【增效】选项主要用于为增效工具指定目录、输入合法的 Photoshop 序列号。如果没有合法的 Photoshop 序列号，某些增效工具将无法使用。

（10）【文字】选项主要用于设置 Photoshop 的文字显示的参数选项。

2．Photoshop 的优化

Photoshop 提供有标准屏幕模式、最大化屏幕模式、带有菜单栏的全屏模式和全屏模式，可以通过工具箱下面的 🔲．或是用快捷键"F"键实现 4 种不同模式之间的切换。建议初学者使用标准屏幕模式。如图 1.12 所示。

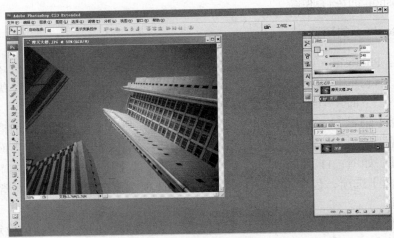

图 1.12 标准屏幕模式

要想拥有更大的画面观察空间则可使用全屏模式，如图 1.13 所示。

图 1.13　全屏模式

1.5　Photoshop 的帮助系统

在使用 Photoshop 的过程中，有可能遇到各种各样的问题，如果读者手边没有参考资料，则可以使用 Photoshop 本身提供的帮助系统。学会在帮助系统中找答案，才能更好地使用 Photoshop。要打开帮助系统，只需选择【帮助】→【Photoshop 帮助】命令或者按下 F1 键即可，Photoshop 将会打开浏览器，并自动打开帮助系统，如图 1.14 所示。

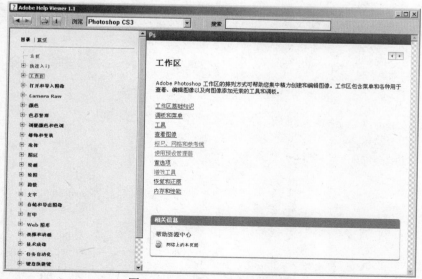

图 1.14　Photoshop 的帮助系统

1.6 本 讲 小 结

通过本讲的学习，使读者对 Photoshop 有了初步的认识，对图像的色彩、格式和类型有了总体的了解。本讲是入门知识，只有掌握了这些知识，才能为以后的学习打下坚实的基础。

1.7 思考与练习

1．选择题

（1）常用的图像文件格式（　　　）。

　　A．JPG 格式　　　　　B．PSD 格式　　　C．GIF 格式　　　D．PDF 格式

（2）分辨率的单位为（　　　）。

　　A．JPG　　　　　　　B．GIF　　　　　　C．dpi　　　　　　D．TIF

2．判断题

（1）Bitmap 模式也叫位图模式。　　　　　　　　　　　　　　　　　（　　）

（2）位图也叫栅格图像。　　　　　　　　　　　　　　　　　　　　（　　）

3．上机操作题

认识 Photoshop 的工作界面。

第2讲 Photoshop 的基本操作

▶ 本讲要点

- 掌握文件的基本操作方法
- 了解工作界面的个性化设置
- 了解调整图像显示的方法
- 熟悉图像处理中的辅助工具
- 掌握设置前景色和背景色的方法
- 掌握操作的撤消和重复的方法

▶ 快速导读

　　本讲主要介绍了 Photoshop 的工作界面及其基本操作。学习重点是调整图像的显示，如何设置前景色和背景色；难点是调整图像的显示。希望读者能够透彻理解本讲的基本概念，灵活掌握基本操作，为今后的学习打下牢固的基础。

2.1 文 件 操 作

文件的基本操作包括打开文件、关闭文件、新建文件、存储与另存为文件等。下面将详细介绍文件的操作方法。

2.1.1 打开图像文件

在 Photoshop 中编辑一个已有的图像前，先要将其打开。下面就来介绍打开文件的方法。

❶ 选择【文件】→【打开】命令，弹出【打开】对话框。如图 2.1 所示。

图 2.1 【打开】对话框

图 2.2 "缩略图"的形式

❷ 单击【打开】对话框中的 按钮，可以选择以"缩略图"的形式显示图像。如图 2.2 所示。

❸ 选中要打开的图像，然后单击 打开(0) 按钮或者直接双击图像即可打开图像。如图 2.3 所示。

图 2.3 打开图像

2.1.2　关闭图像文件

打开文件后若需要关闭图像文件，可采用以下操作方法。

❶ 单击图像文件窗口上的 ⊠ 按钮，将关闭当前文件，如果文件未保存，会出现保存文件的提示。关于如何保存文件将在之后的章节中介绍。

❷ 选择【文件】→【关闭】命令，将关闭当前文件。若选择【文件】→【关闭所有窗口】命令，则会关闭所有打开的文件。

> **提　示**
>
> 双击图像文件窗口上的 按钮，或者按下 Ctrl+W 键将关闭当前文件。

2.1.3　新建图像文件

新建图像文件是 Photoshop 中最简单也是最常用的操作命令之一。下面将介绍新建文件的方法。

❶ 选择【文件】→【新建】命令。

❷ 在弹出的【新建】对话框中设置参数。如图 2.4 所示。

❸ 单击 [　确定　] 按钮，即可新建一个图像文件。

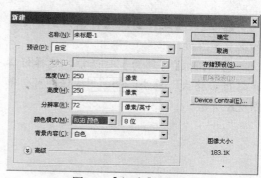

图 2.4　【新建】对话框

2.1.4　存储与存储为文件

新建文件或者对文件进行处理后，需要及时将文件保存，以免因断电或者死机等原因造成文件丢失。下面介绍保存文件的方法。

1. 用【存储】命令保存文件

❶ 选择【文件】→【存储】命令。

❷ 在弹出的【存储为】对话框中选择好保存路径，单击 保存(S) 按钮即可。如图 2.5 所示。

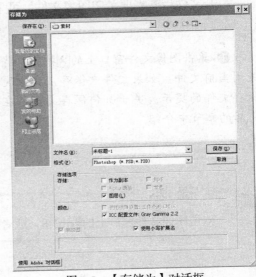

图 2.5 【存储为】对话框

2. 用【存储为】命令保存文件

【存储为】命令可以将当前图像文件以其他名称、格式进行保存，或者将其存储在其他位置。

❶ 选择【文件】→【存储为】命令。如图 2.5 所示。

❷ 打开【存储为】对话框，选择好保存路径和格式，单击 保存(S) 按钮即可。如图 2.6 所示。

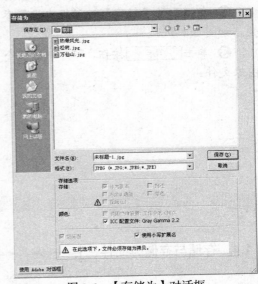

图 2.6 【存储为】对话框

2.2　工作界面的个性化设置

Photoshop 之所以在拥有强大功能的同时依然保持了良好的使用性，很大程度上应该归功于其整齐简洁的界面和简单易用的可自定义性。下面将介绍 Photoshop 界面的设置技巧，读者可根据个人喜好设置出最适合自己使用的工作界面。

2.2.1　工具箱和调板的隐藏与显示

按下 Tab 键可以切换显示或隐藏所有的控制调板（包括工具箱），如果按下 Shift + Tab 键则工具箱不受影响，只显示或隐藏其他控制调板。

2.2.2　调板的拆分与组合

1. 调板的拆分

将光标指向某个调板的图标或标签，单击并将其拖曳至工作区中的空白区域，即可将该调板拆分出来。如图 2.7 和图 2.8 所示。

2. 调板的组合

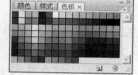

调板组合，就是将多个调板组合在一起占用一个调板的位置，当需要某个调板时，单击其标签名即可。具体的操作方法是，单击一个独立调板的标签并将其拖曳到目标调板上，直到目标调板边框呈蓝色时松开鼠标按键即可。如图 2.9 所示。

图 2.7　组合的调板

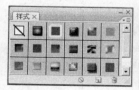
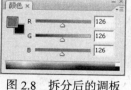
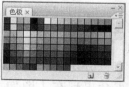

图 2.8　拆分后的调板

图 2.9　组合的调板

2.2.3　复位调板显示

选择【窗口】→【工作区】→【复位调板位置】命令，即可使调板复位。如图 2.10、图 2.11 所示。

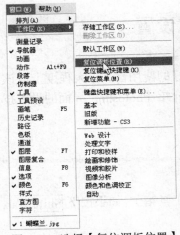

图 2.10 选择【复位调板位置】

图 2.11 复位调板显示

2.3 调整图像的显示

　　图像文件大小、图像文件尺寸和图像分辨率是一组相互关联的图像属性，在图像处理的过程中，用户经常会需要对它们进行设置或调整。

2.3.1 调整图像大小

　　调整图像文件大小，可以使用以下方法。

　　方法 1：选择【文件】→【新建】命令，在弹出的【新建】对话框（如图 2.4 所示）中对新建图像文件的大小进行设置。

　　方法 2：如果要调整已有的图像文件大小，则选择【图像】→【图像大小】命令，在弹出的【图像大小】对话框中对已有图像文件尺寸进行修改。如图 2.12 所示。

　　（1）【像素大小】设置区：在此可以输入【宽度】值和【高度】值。如果要输入当前尺寸的百分比值，应选取【百分比】作为度量单位。图像的新文件大小会出现在【图像大小】对话框的顶部，而旧文件大小则在括号内显示。

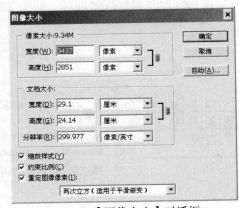

图 2.12 【图像大小】对话框

　　（2）【缩放样式】复选项：如果图像带有应用了样式的图层，则可选择【缩放样式】复选项，在调整大小后的图像中，图层样式的效果也被缩放。只有选中了【约束比例】复选项，才能使用该复选项。

　　（3）【约束比例】复选项：如果要保持当前的像素宽度和像素高度的比例，则应选择【约束比例】复选项。

（4）【重定图像像素】复选项：在其后面的下拉列表框中包括【邻近】、【两次线性】和【两次立方】、【两次立方较平滑】、【两次立方较锐利】等 5 个选项。【邻近】是一种速度快但精度低的图像像素模拟方法；【两次线性】是一种通过平均周围像素颜色值来添加像素的方法，可生成中等品质的图像；【两次立方】是一种将周围像素值作为分析依据的方法，速度较慢，但精度较高；【两次立方较平滑】是一种基于两次立方插值且旨在产生更平滑效果的有效图像放大方法；【两次立方较锐利】是一种基于两次立方插值且具有增强锐化效果的有效图像减小方法。

2.3.2　调整画布大小

画布大小指的是图像的完全可编辑区域。选择【图像】→【画布大小】命令可添加或移去现有图像周围的工作区。该命令还可用于通过减小画布区域来裁切图像。在 Photoshop 中，所添加的画布有多个背景选项。如果图像的背景是透明的，那么添加的画布也将是透明的。通过该命令可打开【画布大小】对话框，如图 2.13 所示。

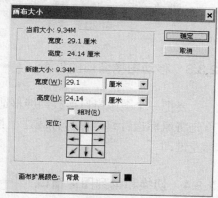

图 2.13　【画布大小】对话框

下面介绍【画布大小】对话框的参数设置。

（1）【宽度】和【高度】参数框用于设定画布尺寸。可从【宽度】和【高度】参数框后边的下拉列表中选择所需的度量单位。

（2）选中【相对】复选项，然后在【宽度】和【高度】参数框内输入数值，输入负数将减小画布大小。

（3）【定位】选项，用于定位图像在画布上的位置。可单击其中的某个方块进行定位指示。

（4）【画布扩展颜色】的下拉列表框中有以下选项。

- 【前景】：选中此项则用当前的前景颜色填充新画布。
- 【背景】：选中此项则用当前的背景颜色填充新画布。
- 【白色】、【黑色】或【灰色】：选中这 3 项之一则用所选颜色填充新画布。
- 【其他】：选中此项则使用拾色器选择新画布颜色。

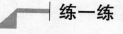

增加画布尺寸。

打开 "Sample\ch02\蝴蝶兰.jpg" 文件，如图 2.14 所示。选择【图像】→【画布大小】菜单命令，弹出【画布大小】对话框。在【宽度】和【高度】参数框中分别将原尺寸扩大 10 厘米。最终效果如图 2.15 所示。

图 2.14 蝴蝶兰   图 2.15 最终效果

2.3.3 移动图像窗口的位置

　　要把一个图像窗口摆放到屏幕适当的位置，需要进行窗口的移动。移动的方法很简单，首先将鼠标指针移到窗口标题栏上按住鼠标左键，然后拖动图像窗口至适当的位置松开鼠标左键即可。

2.3.4 切换和排列图像窗口

1. 切换图像窗口

　　当对多个图像进行编辑时，需要从一个图像窗口切换到另一个图像窗口中。选择【窗口】命令，在打开的菜单底部将显示出当前已经打开的所有文件，单击上面的文件名即可切换窗口，其中打"√"号的表示当前活动的窗口。

　　还可以使用快捷键来切换图像窗口，按下 Ctrl+Tab 或 Ctrl+F6 组合键可以切换到下一个图像窗口，按下 Ctrl+Shift+Tab 或 Ctrl+Shift+F6 可以切换到上一个图像窗口。

> **提　示**
>
> 移动鼠标指针到图像窗口上单击就可以将当前图像变成活动窗口。

2. 排列图像窗口

　　在编辑图像时，为了操作方便，经常要将图像窗口以最小化或最大化显示，所以，就要使用图像窗口标题栏右侧的 ▬ 或 ▢ 按钮来缩小或放大窗口。

　　当在打开多个图像窗口时，为了查看方便，需要进行窗口排列，下面介绍窗口排列的具体方法。

❶ 选择【窗口】→【排列】→【层叠】命令，可以将图像窗口以层叠的方式排列；如图 2.16 所示。选择【窗口】→【排列】→【水平平铺】命令，可将图像窗口以水平平铺方式排列。

图 2.16　【层叠】命令

❷ 若选择【排列图标】命令，则可以使原来排列不整齐的图像图标缩小重新排列整齐，有秩序地排列在 Photoshop 窗口底部。

2.4　图像处理中的辅助工具

辅助工具的主要作用是辅助操作，利用辅助工具可以提高操作的精确程度，从而提高工作的效率。Photoshop 提供的辅助工具包括标尺、参考线、网格等。下面介绍一下这几种辅助工具的功能及使用方法。

2.4.1　标尺

标尺可以精确地确定图像中的某一点以及创建参考线。下面结合实例介绍标尺的使用方法。

❶ 选择【视图】→【标尺】命令，可以在画布中打开标尺。如图 2.17 所示。

❷ 按下 Ctrl+R 组合键，在画布中显示标尺。默认情况下标尺的单位是厘米，如果要想改变标尺的单位，可以在标尺位置上右键单击，然后在弹出的快捷菜单中选择相应的单位即可。如图 2.18 所示。

图 2.17　打开标尺　　　　　　　　图 2.18　打开一列单位

2.4.2　网格

网格对于对称布置图像很有用，下面结合实例介绍网格的使用方法。

❶ 选择【视图】→【显示】→【网格】命令。如图 2.19 所示。

图 2.19　设置网格

❷ 选择【编辑】→【首选项】→【参

考线、网格、切片和计数】命令来设定网格的点、大小和颜色。如图 2.20 所示。

图 2.20　【参考线、网格、切片和计数】设置

❸ 显示网格后，选择【视图】→【对齐到】→【网格】命令，在进行创建图形、移动图像或者创建选区等操作时，对象会自动贴近网格。如果要隐藏网格，再次选择【网格】命令即可。

2.4.3　参考线

参考线是浮在图像上方的一些不会被打印出来的线条，可以定位图像。参考线可以移动和删除，也可以将其锁定，以避免无意中移动。

1. 创建参考线

可以通过以下方法来创建参考线。

❶ 选择【视图】→【新建参考线】命令。

❷ 在弹出的【新建参考线】对话框中，设置水平方向 4 厘米处参考线，然后单击 确定 按钮。如图 2.21 所示。设置水平方向参考线。如图 2.22 所示。

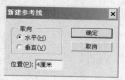

图 2.21　【新建参考线】对话框

图 2.22　设置水平方向参考线

❸ 再次选择【视图】→【新建参考线】命令，在弹出的【新建参考线】对话框中设置垂直方向 3 厘米处参考线，然后单击 确定 按钮。如图 2.23 所示。设置垂直参考线如图 2.24 所示。

图 2.23　【新建参考线】对话框

图 2.24　设置垂直参考线

2. 编辑参考线

❶ 锁定参考线：选择【视图】→【锁定参考线】命令，可以锁定参考线。锁定参考线可以防止参考线被意外移动。再次选择此命令可以取消参考线的锁定。

❷ 删除参考线：将参考线拖动到图像窗口外，可以删除此参考线。如果要删除所有参考线，可以选择【视图】→【消除参考线】命令。

❸ 显示或隐藏参考线：选择【视图】→【显示】→【参考线】命令，可以显示或隐藏参考线。

3. 使用智能参考线

使用智能参考线可以帮助用户对齐形状、切片和选区。选择【视图】→【显示】→【智能参考线】命令，可以启用智能参考线。智能参考线是非常实用的功能，当绘制形状、创建选区或切片时，智能参考线便会自动出现。如果要隐藏智能参考线，再次选择【智能参考线】命令即可。

练一练

打开"Sample\ch02\荷花.jpg"文件，在图像中创建网格，如图 2.26 所示。

图 2.25　荷花

图 2.26　创建网格

2.5　设置前景色和背景色

在绘制图像或编辑图像时，首先要进行颜色的设定。Photoshop 提供了各种选取和设置颜色的方法。读者可以根据需要来选择最适合的方法。

选择的颜色在工具箱的前景色和背景色颜色框中，利用背景色和前景色工具还可以进行切换和选择颜色。如图 2.27 所示。

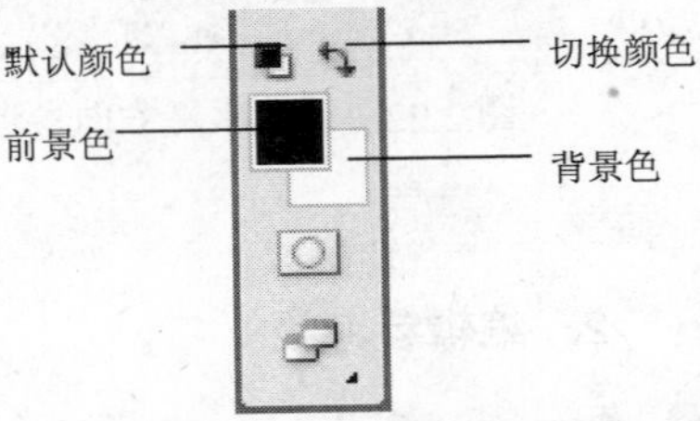

（1）前景色：显示当前绘图工具的颜色，单击前景色时，弹出【拾色器】对话框可以进行颜色选取，选择的颜色将会显示在前景色颜色框中。

（2）背景色：显示图像的底色，单击背景色，弹出【拾色器】对话框可以进行颜色选取。

图 2.27　前景色和背景色

当改变背景色颜色时，图像的背景色不会立即改变，只有在使用部分与背景色相关的工具时才会根据背景色的设定来执行命令。例如，在使用橡皮擦工具擦除图像时，其擦除后的颜色即为背景色的颜色，渐变工具和另外一些工具也与背景色有关。

（3）切换颜色：单击 ↻ 按钮，即可将前景色颜色与背景色颜色相互切换。

（4）默认颜色：单击 ■ 按钮，即可恢复前景色和背景色颜色为初始的默认颜色。

提示

按下 X 键可以进行颜色切换。按下 D 键可以恢复为默认颜色。

2.5.1　利用"拾色器"对话框设置颜色

单击█按钮即可弹出【拾色器（前景色）】对话框，在拾色器中有 4 种颜色模型可供选择，分别是 HSB、RGB、Lab、CMYK。如图 2.28 所示。

在设定颜色时可以拖曳彩色条两侧的三角滑块来设定色相，然后在【拾色器（前景色）】对话框中颜色框中单击，这时鼠标会变为一个圆圈，来确定饱和度和明度。完成后单击 确定 按钮即可。也可以在色彩模型不同的组件后面的文本编辑框中输入数值来完成。如图 2.29 所示。

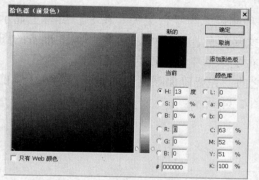

图 2.28　【拾色器（前景色）】对话框

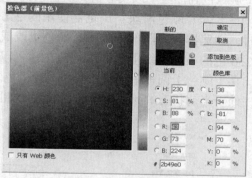

图 2.29　选择颜色

在【拾色器（前景色）】对话框中右上方有一个颜色预览框分为上下两部分，上部代表新设定的颜色，下部代表当前颜色，这样便于进行对比。如果在它的旁边出现了感叹号，则表示该颜色无法被打印。如图 2.30 所示。如果在【拾色器（前景色）】对话框中选中【只有Web 颜色】选项，颜色则变很少，这主要用来确定网页上使用的颜色。如图 2.31 所示。

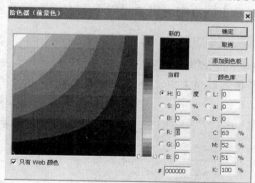

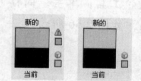

图 2.30　无法打印的颜色

图 2.31　选中【只有 Web 颜色】选项

2.5.2　利用"颜色"调板设置颜色

【颜色】调板是工作中使用得比较多的一个面板。通过选择【窗口】→【颜色】命令或按 F6 键即可弹出【颜色】调板。如图 2.32 所示。

【颜色】调板显示了当前前景色和背景色的颜色值。使用【颜色】调板中的滑块，可以利用几种不同的颜色模型来编辑前景色和背景色。首先，在设定颜色时要单击调板右侧的黑三角按钮，弹出调板菜单，然后在菜单中选择合适的色彩模式和色谱。如图 2.33 所示。

下面介绍该调板菜单中的几个常用菜单。

（1）CMYK 颜色滑块：在 CMYK 颜色模式中指定每个图案值（青色、洋红、黄色和黑色）的百分比。

（2）RGB 颜色滑块：在 RGB 颜色模式中指定 0～255（0 表示黑色，255 表示纯白色）之间的像素值。

（3）HSB 颜色滑块：在 HSB 颜色模式中指定饱和度和亮度的百分数，指定色相为一个与色轮上位置相关的 0°～360° 的角度。

（4）Lab 颜色滑块：在 Lab 模式中输入 0～100 的亮度值（L）和从 −128 到 +127 的 a 值（从绿色到洋红）以及 b 值（从蓝色到黄色）。

（5）Web 颜色滑块：浏览器使用的 216 种颜色，与平台无关。在 8 位屏幕上显示颜色时，浏览器会将图像中的所有颜色更改成这些颜色，这样可以确保为 Web 准备的图片在 256 色的显示系统上不会出现仿色。可以在文本框中输入颜色代号来确定颜色。

在【颜色】调板中编辑前景色或背景色之前，先要确保颜色选框在调板中处于当前状态，处于当前状态的颜色框有黑色轮廓。如图 2.34 所示。

图 2.32　【颜色】调板

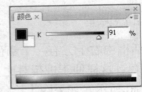

图 2.33　调板菜单

图 2.34　选中前景色

在【颜色】调板中可以通过以下方法设置前景色和背景色。

❶ 拖动颜色滑块调整颜色，也可以在颜色滑块旁输入数值来定义颜色。如图 2.35 所示。

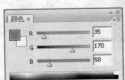

图 2.35　调整颜色

❷ 单击颜色选框，在弹出的【拾色器（前景色）】对话框中选取一种颜色，然后

单击 确定 按钮。

❸ 将光标放在调板下方的色条上，光标会变成吸管工具，单击，同样可以设定需要的颜色。如图 2.36 所示。

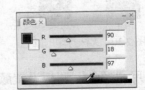

图 2.36　利用吸管工具设定需要颜色

2.5.3　利用"色板"调板设置颜色

【色板】调板用来存储经常使用的颜色。选择【窗口】→【色板】命令即可打开【色板】

调板，如图 2.37 所示。

1. 色标

在色板上面的任一色块上单击可以把前景色设置为该色，如图 2.38 所示。若在它上面双击则会弹出【色板名称】对话框，从中可以为该色标重新命名，如图 2.39 所示。

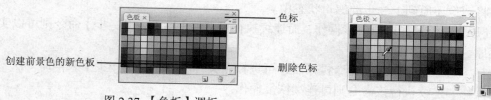

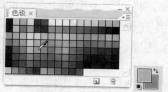

图 2.37　【色板】调板

图 2.38　设置前景色

2. 创建前景色的新色板

单击 按钮可以把常用的颜色设置为色标。

3. 删除色标

选择一个色标，然后将其拖曳到 按钮上可以删除该色标。

图 2.39　【色板名称】对话框

2.5.4　用"吸管工具"从图像中获取颜色

选择【吸管工具】，在所需要的颜色上单击，可以把同一图像中不同部分的颜色设置为前景色。也可以把不同图像中的颜色设置为前景色。如图 2.40、图 2.41 所示。

图 2.40　将同一图像中不同的颜色设置为前景色

图 2.41　将不同图像中的颜色设置为前景色

2.6　操作的撤消和重复

在编辑图像的过程中，如果操作出现了失误，或者对当前的效果不满意，就需要撤消操作，恢复图像。

2.6.1 利用"编辑"菜单撤消单步或多步操作

选择【编辑】→【还原】命令，或者按下 Ctrl+Z 组合键，可以撤消对图像的最后一次操作，将图像还原到上一步的编辑状态中。

【还原】命令只能还原一步操作，而连续执行【文件】→【后退一步】命令则可以实现连续还原。

选择【后退一步】还原命令操作后，可选择【文件】→【前进一步】菜单命令恢复被撤消的操作，连续执行该命令则可连续恢复操作。

> **│ 提 示 │**
>
> 连续按下 Alt+Ctrl+Z 组合键，便可以逐步撤消操作。连续按下 Shift+Ctrl+Z 组合键，可逐步恢复被撤消的操作。

2.6.2 利用"历史记录"调板撤消任意操作

在 Photoshop 中每进行一步操作，都会被记录在【历史记录】调板中，通过【历史记录】调板可以将图像恢复到操作过程中的某一状态，也可以再次回到当前的操作状态。在调板中还可以将当前处理结果创建为快照，或创建一个新的文件。这将在以后的章节中详细介绍。

当选择其中的某个状态时，图像将恢复为应用这一状态时的外观，然后可以从这一状态再开始工作。如图 2.42 所示。

图 2.42　操作恢复到"矩形选框"状态

2.7　典型实例——水中花

1. 实例预览

实例效果如图 2.43～图 2.45 所示。

图 2.43　Sample\ch02\荷花.jpg

图 2.44　Sample\ch02\水波.jpg

图 2.45　Final\ch02\水中花.jpg

2. 实例说明

主要工具或命令:【移动】工具、【自由变换】命令等。

3. 实例操作步骤

第 1 步: 新建文件。

❶ 选择【文件】→【打开】菜单命令。

❷ 打开 "Sample\ch02\水波.jpg、Sample\ch02\荷花.jpg" 文件, 如图 2.46 与图 2.47 所示。

图 2.46 水波

图 2.47 荷花

第 2 步: 选取图形。

❶ 选择工具箱中的【磁性套索工具】 。

❷ 在 "荷花" 图像上单击以确定第一个紧固点。如果想取消使用磁性套索工具, 可按 Esc 键返回。将鼠标指针沿着要选择

图像的边缘慢慢地移动, 选取的点会自动吸附到色彩差异的边沿。拖曳鼠标使线条移动至起点, 鼠标指针会变为 形状, 单击闭合选框。如图 2.48 所示。

图 2.48 使用【磁性套索工具】

第 3 步: 移动、调整图形。

❶ 选择工具箱中的【移动工具】 。将选区拖曳到 "水波.jpg" 文件中。

❷ 按下 Ctrl+T 组合键, 执行【自由变换】命令来调整图像的位置和大小, 最终效果如图 2.49 所示。

图 2.49 最终效果

4．实例总结

本实例主要是运用移动工具、磁性套索工具等来选取与移动图片，然后再通过自由变换命令调整图片的位置，达到制作组合图片的效果。

2.8　本 讲 小 结

本讲主要介绍如何使用 Photoshop 文件的操作、调整图像的显示、设置前景色和背景色和操作的撤消和恢复等内容。希望读者通过实际操作能熟练掌握这些工具的使用。

2.9　思考与练习

1．选择题

（1）按下（　　）键，将关闭当前文件。

　　A. Ctrl+W　　　　B. Ctrl+S　　　　C. Ctrl+N　　　　D. Ctrl+P

（2）辅助工具包括（　　）工具和注释工具等。

　　A. 标尺　　　　　B. 参考线　　　　C. 网格　　　　　D. 包含以上 3 种

2．判断题

（1）单击 按钮，即可将前景色颜色与背景色颜色相互切换。　　　　　　　（　　）

（2）画布大小指的是图像的完全可编辑区域。　　　　　　　　　　　　　　（　　）

3．上机操作题

利用图 2.50 和图 2.51 制作出如图 2.52 所示效果。

图 2.50　荷花.jpg

图 2.51　白色睡莲.jpg

图 2.52　荷花睡莲

第 **3** 讲 编辑选区

▶ 本讲要点

- 了解选区建立的方法
- 熟悉选框工具、套索工具的应用
- 掌握移动或反选选区的方法
- 掌握增加或减少选区的方法
- 掌握变换选区的方法
- 掌握选区的应用方法

▶ 快速导读

　　本讲主要介绍选区的建立、基本操作、编辑等内容。重点是选区的建立和编辑。难点是选区的应用。希望读者熟练掌握各种选框工具的使用方法，为设计优秀的作品打下坚实的基础。

3.1　选区的建立

Photoshop 提供了多种创建选区的方法，可以根据所需选区的难易及自己对 Photoshop 这一软件的熟悉的程度，选择不同的选取工具。

3.1.1　选框工具

在处理图像的过程中，首先需要学会如何选取图像。在 Photoshop 中，对图像的选取可以通过多种方法进行。通过不同的选取工具可选取不同的图像。本节则主要介绍工具箱中常用选取工具的使用方法。选框工具包括 4 种：矩形选框工具、椭圆选框工具、单行选框工具和单列选框工具。

1. 矩形选框工具

矩形选框工具主要用于选择矩形的图像，是 Photoshop 中比较常用的工具。仅限于选择规则的矩形，不能选取其他形状。矩形选框工具选项栏中的选项有：选区的加减、羽化、消除锯齿、样式、宽度、高度和调整边缘等。如图 3.1 所示。

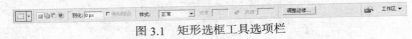

图 3.1　矩形选框工具选项栏

（1）选区的加减。

（2）羽化：羽化可以柔化选择区域的正常硬边界，使区域边界产生一个过渡段，分别如图 3.2、图 3.3 所示。

图 3.2　羽化值为 10　　　　　　图 3.3　羽化值为 30

（3）消除锯齿。

（4）样式：用来规定拉出矩形选框的形状。其下拉列表中有以下 3 个选项。

- 正常：默认的选择方式，是最常用的。可以用鼠标拉出任意矩形。
- 固定比例：在这种方式下可以任意设置矩形的宽高比。在框中输入相应的数字即可。
- 固定大小：在这种方式下可以通过输入宽高的数值来精确的确定矩形的大小。

（5）宽度。

（6）高度。

（7）调整边缘：单击 调整边缘... 按钮，弹出【调整边缘】对话框，可以通过调整【半

径 】、【 对比度 】、【 平滑 】、【 羽化 】和【 收缩/扩展 】参数对选框进行调整，在对话框下方有参数调整效果示例。

　　下面结合实例介绍利用矩形选框工具创建选区。

❶ 打开 "Sample\ch03\蒲公英.jpg" 文件。选择工具箱中的矩形选框工具

图 3.5　移动选区

❷ 从选区的左上角到右下角拖动鼠标创建矩形选区。如图 3.4 所示。

图 3.4　创建矩形选区

❸ 按住 Ctrl 键拖动鼠标可移动选区。如图 3.5 所示。

❹ 按下 Ctrl+Alt 组合键拖动鼠标则可复制选区。最终效果如图 3.6 所示。

图 3.6　复制选区

提 示

　　在创建选区的过程中，按住空格键拖动选区可使其位置改变，松开空格键则继续创建选区。

2. 椭圆选框工具 ⬭

用于选择圆形的图像，能选取圆或者椭圆。

椭圆选框工具包括选区的加减、羽化、消除锯齿、样式、宽度、高度和调整边缘等，如图 3.7 所示。

图 3.7　椭圆选框工具选项栏

　　椭圆选框工具与矩形选框工具的选项栏基本一致。这里主要介绍他们之间的不同之处——【消除锯齿】设置。

　　【消除锯齿】是除了矩形选框工具和快速选择工具外，其余的选择工具（椭圆选框工具、单行和单列选框工具、套索工具和魔棒工具）的工具选项栏中共有的选项。在 Photoshop 中创建圆形或者多边形等不规则选区时会出现锯齿，选择此选项后，可以平滑选项的边缘。如图 3.8、图 3.9 所示。

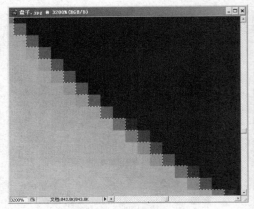

图 3.8　选择消除锯齿

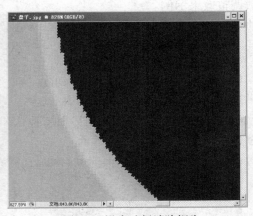

图 3.9　没有选择消除锯齿

下面结合实例介绍利用椭圆选框工具创建选区。

❶ 打开 "Sample\ch03\盘子.jpg" 文件。如图 3.10 所示。

图 3.10　盘子

❷ 选择工具箱中的【椭圆选框】工具

◯。在画面中盘子的中心处按下 Shift+ Alt 组合键拖动鼠标创建一个圆形选区。如图 3.11 所示。

图 3.11　创建选区

| 提　示 |

在系统默认的状态下，【消除锯齿】选项自动处于开启状态。

3.1.2　套索工具

使用套索工具可以自由地创建选区，该工具对于绘制选区边框的手绘线段十分有用。它包含 3 种工具：套索工具、多边形套索工具和磁性套索工具。

1. 套索工具

套索工具选项栏栏中有：选区的加减、羽化、消除锯齿和调整边缘等选项。如图 3.12 所示。它们的用法与选框工具的相同，就不再详细介绍了。

图 3.12　套索工具选项栏

下面结合实例介绍如何利用套索工具创建选区。

❶ 打开 "Sample\ch03\烟斗.jpg" 文件。选择工具箱中的套索工具。

❷ 单击图像上的任意一点作为起点，按住鼠标拖移出需要选择的区域，到达合适的位置后松开鼠标按键，选区将自动闭合。如图 3.13 所示。

图 3.13　创建选区

提　示

按下 Delete 键，可以清除最近所画的线段，直到剩下想要留取的部分时，松开 Delete 键即可。

2. 多边形套索工具

可绘制选框的直线边框，适合用于选择多边形选区。

多边形套索工具选项栏中的选项与套索工具栏的完全相同，如图 3.14 所示。

图 3.14　多边形套索工具选项栏

下面结合实例介绍如何利用多边形套索工具创建选区。

❶ 打开 "Sample\ch03\方块.jpg" 文件。如图 3.15 所示。

❷ 选择工具箱中的多边形套索工具。单击图像上的一点作为起点，松开鼠标，根据图像的外轮廓再选择另外一点，然后单击确定这一点，重复选择其他的点，最后汇合到起点或者双击鼠标就可以自动闭合选区。

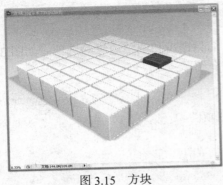

图 3.15 方块

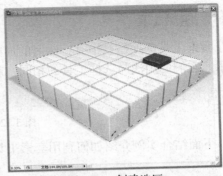

图 3.16 创建选区

3. 磁性套索工具

磁性套索工具可以智能地自动选取，特别适用于快速选择与背景对比强烈而且边缘复杂的对象。

磁性套索工具选项栏与套索工具的不同，增加了宽度、对比度、频率、使用绘图板压力以更改钢笔宽度等选项。如图 3.17 所示。

图 3.17 磁性套索工具选项栏

（1）宽度：设置磁性套索工具在选取时的探查距离。可输入 1~40 之间的数值，数值越大探查的范围就越大。

（2）对比度：设置磁性套索工具的敏感度。可输入 1%~100% 之间的数值，探查对比较强的边缘用较大的数值，探查对比较弱的边缘则用较小的数值。

（3）频率：设置磁性套索工具连接点的连接速率。可输入 1~100 之间的数值，数值越大选区边缘固定得越快。

（4）使用绘图板压力以更改钢笔宽度。

下面结合实例介绍如何利用磁性套索工具创建选区。

❶ 打开 "Sample\ch03\玫瑰.jpg" 文件。如图 3.18 所示。

❷ 选择工具箱中的磁性套索工具。在图像上单击以确定第一个紧固点。将鼠标指针沿着要选择图像的边缘慢慢地移动，选取的点会自动吸附到色彩差异的边沿。拖曳鼠标使线条移动至起点，鼠标指针会变为形状，单击闭合选框。如图 3.19 所示。

图 3.18 玫瑰

图 3.19　完成选区

| 提　示 |

如果想取消使用磁性套索工具，可按 Esc 键返回。

3.1.3　【魔棒】工具

魔棒工具可以选择颜色一致或颜色相近的区域，使用时不必跟踪图像轮廓。它包括 2 种工具：魔棒工具和快速选择工具。

1. 魔棒工具

魔棒工具选项栏中提供容差、消除锯齿、连续、对所有图层取样和调整边缘等选项。如图 3.20 所示。

图 3.20　魔棒工具选项栏

（1）容差：用来设置选定像素的相似点差异。它决定了魔棒工具可选取的颜色范围。数值越小，选取的颜色范围越近；数值越高，选取的颜色范围越大。如图 3.21、图 3.22 所示。

图 3.21　容差为 10

图 3.22　容差为 50

（2）消除锯齿：其使用方法与椭圆选框工具的相同。

（3）连续：用于选择相邻的区域。选择此项只能选择具有相同颜色的相邻区域。取消选择此项，则可使具有相同颜色的所有区域图像都被选中。如图 3.23 所示。

图 3.23　【连续】选项

（4）对所有图层取样：选择此选项时，将使用所有可见图层中的数据选择颜色。取消选择此选项时，魔棒工具将只从当前图层中选择颜色。

（5）调整边缘：其用法与矩形选框工具的相同。

┃ 提　示 ┃

不能在位图模式的图像中使用【魔棒】工具。

下面结合实例介绍如何利用魔棒工具创建选区。

❶ 打开 "Sample\ch03\信纸.jpg" 文件。

❷ 选择工具箱中的魔棒工具 。在图像上单击即可选择与单击点颜色相近的颜色，单击的位置不同，选择的颜色范围也不相同。如图 3.24 所示。

图 3.24　创建选区

2. 快速选择工具

快速选择工具是 Photoshop CS3 中的新增工具，有了它就可以更加方便快捷地进行选取操作了。下面结合实例介绍如何利用快速选择工具创建选区的方法。

❶ 打开 "Sample\ch03\信纸.jpg" 文件。

❷ 选择工具箱中的快速选择工具 。设置合适的画笔大小，具体参数如图 3.25 所示。在图像中单击想要选取的颜色，即可选取相近颜色的区域。如果需要继续加选，单击 按钮后继续单击或者双击进行选取。如图 3.26 所示。

图 3.25　画笔参数设置

图 3.26　进行选取

3.1.4　【色彩范围】菜单项

使用色彩范围命令可以对图像中的现有选区或整个图像内需要的颜色或颜色子集进行选择。用【色彩范围】命令选取不但可以一边预览一边调整，还可以随心所欲地调整选取范围。下面介绍具体的操作方法。

❶ 选择【选择】→【色彩范围】命令，弹出【色彩范围】对话框。如图 3.27 所示。

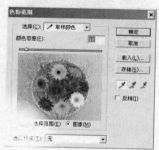

图 3.27　【色彩范围】对话框

❷ 在【色彩范围】对话框中有一个预览框，用于显示图像当前选取范围的效果。该框下面的两个单选按钮用来显示不同的预览方式。选择【选择范围】单选钮时，则在预览框中只显示出被选取的范围，选择【图像】单选钮，则在预览框中显示整个图像。

❸ 在【选择】下拉列表框中可选择一种选取颜色范围的方式。默认设置下选择【取样颜色】，选取时可以用吸管来吸取颜色确定选取范围，方法是移动光标到图像

窗口或对话框中的预览框中单击，即可将当前单击处相同的颜色选取出来。同时，还可以调整【颜色容差】滑块进行选取，数值越大，包含的近似颜色越多，选取的范围就越大。

❹ 如果上面的操作还没有将选取范围选择出来，可以使用该对话框右侧的【添加到取样】 按钮和【从取样中减去】 按钮进行选取。选择【添加到取样】 按钮并在图像中单击，可添加选取范围；而选择【从取样中减去】 并在图像中单击，则会减少选取范围。

❺ 打开【选区预览】下拉列表框，可从中选取一种选取范围在图像窗口中显示的方式。如图 3.28 所示。

图 3.28　【选区预览】下拉列表框

■　【无】：在图像窗口中不显示预览。

■ 【灰度】: 表示在图像窗口中以灰色调显示未被选取的区域。

■ 【黑色杂边】: 表示在图像窗口中以黑色调显示未被选取的区域。

■ 【白色杂边】: 表示在图像窗口中以白色调显示未被选取的区域。

■ 【快速蒙版】: 表示在图像窗口中以默认的蒙版颜色显示未被选取的区域。

❻ 设置完毕后,单击 确定 按钮。

提 示

选中【反相】选项可以在选取范围与非选取范围之间互换。

下面结合实例介绍色彩范围命令的基本操作方法。

❶ 打开 "Sample\ch03\多色太阳花.jpg" 文件。选择【选择】→【色彩范围】命令。

❷ 弹出【色彩范围】对话框,从中选择【图像】或【选择范围】单选钮,单击图像或预览区选取想要的颜色,然后单击 确定 按钮即可。如图 3.29 所示。这样

在图像中就建立了与所选色彩相近的图像选区。如图 3.30 所示。

图 3.30 建立选区

图 3.29 【色彩范围】对话框

3.2 选区的基本操作

创建了一个选区后,可能因它的位置大小不合适而需要进行移动和改变,也可能需要增加或减少选区以及对选区进行变换等。本节将详细介绍选区的基本操作方法。

3.2.1 隐藏或显示选区

选择【视图】→【显示】→【选区边缘】命令。可以隐藏或者显示选区,也可以按下 Ctrl+H 快捷键来操作。隐藏选区时,图像中将看不到闪动的选区边界,但选区仍然存在。

3.2.2 移动或反选选区

在 Photoshop 中，当选区建立后，可以任意移动选区范围而不影响图像的任何内容。

1. 移动选区

要想调整选区的位置，可以对选区进行移动。下面结合实例介绍如何移动选区。

❶ 打开 "Sample\ch03\杨桃.jpg" 文件。选择矩形选框工具 ，在图像中创建选区。如图 3.31 所示。

图 3.31　创建选区

❷ 将鼠标光标移动到选区内，按住鼠标拖动即可移动到指定的选区位置。如图 3.32 所示。

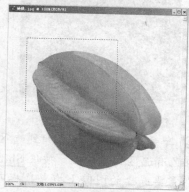

图 3.32　移动选区

2. 反选选区

选择【选择】→【反向】命令，可以选择图像中除选中区域以外的所有区域。下面结合实例介绍如何进行反选选区。

❶ 打开 "Sample\ch03\无花果.jpg" 文件。使用魔棒工具 选择背景。如图 3.33 所示。

图 3.33　选择背景

❷ 选择【选择】→【反向】命令，反选选区选中图像。如图 3.34 所示。

图 3.34　选中图像

3.2.3　增加或减少选区

利用选框工具还可以增加或减少图像中的选区，下面结合实例介绍如何增加或减少选区。

❶ 打开 "Sample\ch03\牡丹.jpg" 文件。选择矩形选框工具 ⬚，单击选项栏上的新选区 ▣ 按钮。在需要选择的图像上拖曳鼠标创建矩形选区。如图 3.35 所示。

图 3.36　增加选区

要选择的图像上拖曳鼠标可减去选区。如图 3.37 所示。

图 3.35　创建矩形选区

❷ 单击选项栏上的添加到选区 ▣ 按钮，在已有选区的基础上，按住 Shift 键。再次在需要选择的图像上拖曳鼠标可添加矩形选区。如图 3.36 所示。

❸ 单击选项栏上的从选区减去 ▣ 按钮，在已有选区的基础上按住 Alt 键。在需

图 3.37　减少选区

3.2.4　变换选区

要想调整图像中的选区，可以使用变换选区命令对选区的范围进行变换。下面结合实例介绍如何变换选区。

❶ 打开 "Sample\ch03\信纸.jpg" 文件。选择【矩形选框】工具 ⬚，在其中一张信纸上用鼠标拖移出一小块矩形选框。如图 3.38 所示。

❷ 选择【选择】→【变换选区】菜单命令，或者在选区内右键单击，从弹出快捷菜单中选择【变换选区】命令。如图 3.39 所示。

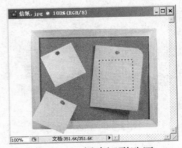

图 3.38　创建矩形选区

图 3.39　选择变换选区

❸ 按住 Ctrl 键调整节点以便完整而准

确地选取信纸区域。如图 3.40 所示。

图 3.40　调整后的选区

3.3　选区的编辑

创建了选区后，有时需要对选区进行深入编辑，才能使选区符合要求。通过【选择】→【修改】下拉菜单中的命令可以对当前的选区进行扩展、收缩等编辑操作。

3.3.1　扩展或收缩选区

将选区扩展或收缩，往往能实现许多特殊效果，同时也能对未完全准确选取的范围进行修改。

1. 扩展选区

使用扩展命令可以对已有的选区进行扩展。下面结合实例介绍如何扩展选区。

❶ 打开 "Sample\ch03\杨桃.jpg" 文件。选择多边形套索工具 ，在图中建立一个多边形选区。如图 3.41 所示。

图 3.41　创建多边形选区

❷ 选择【选择】→【修改】→【扩展】

命令，弹出【扩展选区】对话框。在【扩展量】文本框中输入 10 像素，单击 确定 按钮，即可看到图像的边缘得到了扩展。如图 3.42 所示。

图 3.42　选区的边缘扩展

2. 收缩选区

使用收缩命令可以使选区收缩。下面结合实例介绍如何收缩选区。

❶ 前 2 个步骤与扩展选区操作的前 2 步相同。

❷ 选择【选择】→【修改】→【收缩】命令，弹出【收缩选区】对话框。在【收缩量】文本框中输入 10 像素，单击 确定 按钮，即可看到图像恢复到开始时的平滑状态。如图 3.43 所示。

图 3.43　选区的边缘收缩

3.3.2　羽化

羽化是通过建立选区和选区像素之间的转换边界来模糊边缘的，这种模糊将丢失选区边缘的一些细节。在使用选框工具、套索工具、多边形套索或磁性套索工具时，可以在工具选项栏中定义羽化。选择羽化命令，可以通过羽化使硬边缘变得平滑，其具体操作如下。

❶ 打开 "Sample\ch03\洋葱.jpg" 文件。选择椭圆工具 ，在图像中建立一个椭圆形选区。如图 3.44 所示。

图 3.44　创建椭圆选区

❷ 选择【选择】→【修改】→【羽化】命令，弹出【羽化选区】对话框。在【羽化半径】文本框中输入数值 40，其范围是

0～255，数值越高，羽化范围越大。单击 确定 按钮。

❸ 选择【选择】→【反选】命令，进行反选。如图 3.45 所示。

图 3.45　选择【反选】命令

❹ 选择【编辑】→【清除】菜单命令，清除反选的区域。如图 3.46 所示。

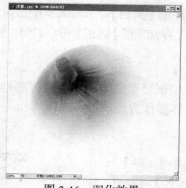

图 3.46 羽化效果

提 示

在移动、剪切、复制或填充选区后，羽化的作用效果非常明显。

3.3.3 存储和载入选区

1. 存储选区

使用存储选区命令可以将制作好的选区进行存储，方便下一次操作。下面结合实例介绍存储选区的具体操作。

❶ 打开 "Sample \ch03\信纸.jpg" 文件。选择右边大信纸的选区。如图 3.47 所示。

图 3.47 创建选区

❷ 选择【选择】→【存储选区】命令，弹出【存储选区】对话框。在【名称】文本框中输入【红色信纸】名称，然后单击 确定 按钮。如图 3.48 所示。

图 3.48 【存储选区】对话框

❸ 此时在【通道】面板中就可以看到新建立的一个名为【红色信纸】的通道。如图 3.49 所示。

图 3.49 【通道】调板

如果在【存储选区】对话框中的【文档】下拉列表框中选择【新建】选项，那么就会出现一个新建的【存储文档】通道文件。如图 3.50 所示。

图 3.50　新建通道

2. 载入选区

存储好选区以后，就可以根据需要随时载入保存好的选区。下面结合实例介绍存储选区的具体操作方法。

❶ 在存储好选区后，可选择【选择】→【载入选区】命令，打开【载入选区】对话框。如图 3.51 所示。

❷ 此时在【通道】下拉列表框中会出现已经存储好的通道的名称【红色信纸】，然后单击 确定 按钮即可载入选区。

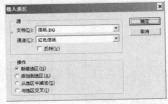

图 3.51　【载入选区】对话框

提示

如果选择相反的选区，可选择【反相】选项。选择"新建选区"，载入的选区会替换图像中的选区；选择"添加到选区"，可以将载入的选区添加到图像中的现有选区内；选择"从选区中减去"，可以从现有选区中减去载入的选区；"与选区交叉"，可以从与载入的选区和图像中的现有选区交叉的区域中得到一个选区。

3.4　选区的应用

3.4.1　移动选区图像

利用工具箱中的移动工具 ，在文件中拖动指定的选区图像，可以将图像移动。下面结合实例介绍如何移动选区图像。

❶ 打开 "Sample\ch03\彩色铅笔.jpg" 文件。选择矩形选框工具 ，在图中建立矩形选区。如图 3.52 所示。

标光标移动到矩形选区内并单击，同时向右下方拖动。松开鼠标按键后，选区图像即停留于移动后的位置。如图 3.53 所示。

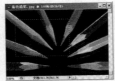

图 3.52　创建选区

❷ 选择工具箱中移动工具 ，将鼠

图 3.53　移动选区图像

3.4.2 剪切、复制和粘贴选区图像

无论所选择的选区是规则的还是不规则的，在选取后都可以对其进行编辑，如剪切、复制和粘贴。下面结合实例详细介绍这些编辑方法。

❶ 打开 "Sample\ch03\彩色铅笔.jpg" 文件。选择矩形选框工具 ⬚，在图中建立矩形选区。如图 3.54 所示。

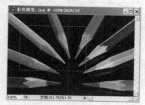

图 3.54　创建选区

❷ 选择【编辑】→【拷贝】命令，或按下 Ctrl+C 键即可拷贝选中的区域，并存入剪贴板中，原选择区域中的图像不做任何修改。如果选择【编辑】→【剪切】命令，则将选中区域中的图像剪切掉。如图 3.55 所示。

❸ 选择所要粘贴图像的文件窗口，选

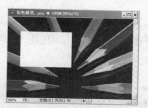

图 3.55　剪切选区图像

择【编辑】→【粘贴】命令，或按下 Ctrl+V 键即可进行粘贴。如图 3.56 所示。

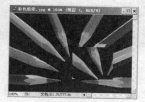

图 3.56　粘贴选区图像

3.4.3 清除选区图像

如果要清除选区中的图像，选择【编辑】→【清除】命令，或按下 Delete 键即可清除。下面结合实例介绍如何清除选区图像。

❶ 打开 "Sample\ch03\彩色铅笔.jpg" 文件。选择矩形选框工具 ⬚，在图中建立矩形选区。如图 3.57 所示。

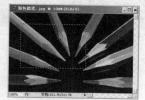

图 3.57　创建选区

❷ 选择【编辑】→【清除】命令，或

按下 Delete 键即可清除选定区域内的图像，设置背景色为黄色（R:230、G:240、B:35）按下 Ctrl+Delete 键填充，如图 3.58 所示。

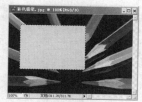

图 3.58　清除选区

3.4.4 将选区图像定义为图案

Photoshop 中自带一些可填充的图案。进行选区填充时，可以根据需要自定义图案对选区进行填充。下面结合实例介绍在选区内填充自定义图案的方法。

❶ 打开 "Sample\ch03\蔷薇.jpg" 文件。选择矩形选框工具 [ ]，在图中建立矩形选区。如图 3.59 所示。

图 3.59　创建矩形选区

❷ 选择【编辑】→【定义图案】命令，弹出【图案名称】对话框，如图 3.60 所示。在【名称】文本框中输入【花】，单击 确定 按钮。

图 3.60　【图案名称】对话框

❸ 选择【文件】→【新建】，弹出【新建】对话框，各项设置如图 3.61 所示，单击 确定 按钮。

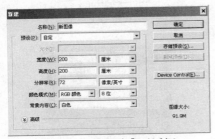

图 3.61　【新建】对话框

❹ 选择【编辑】→【填充】命令，弹出【填充】对话框，在【使用】下拉列表中选择【图案】选项，在【自定图案】下拉列表框中找到刚才定义的图案缩略图标，如图 3.62 所示。单击 确定 按钮，即可把自定义的图案填充到当前图像中，如图 3.63 所示。

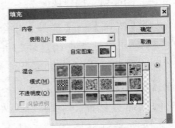

图 3.62　选择花图案

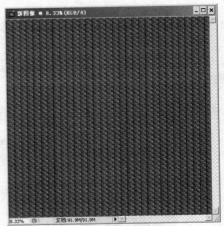

图 3.63　填充

只有使用矩形选框工具的选区才可以定义图案。在进行填充时，如果是选择了选区，则图案只对该选区进行填充。

| 练一练 |

将选区图像定义为图案，其效果如图 3.64 所示。

图 3.64　自定义图案填充

3.4.5　选区的填充和描边

为了绘制出效果更好的图像，还可对图像选区进行不同颜色的填充以及用选定的颜色进行描边。

1. 选区的填充

给选区填充时，可以填充不同的颜色、图案或不透明度、混合模式等。下面结合实例介绍如何使用填充命令来给选区填充颜色。

❶ 打开 "Sample\ch03\杨桃.jpg" 文件。选择椭圆选框工具 ⬭，在图中建立椭圆选区。如图 3.65 所示。

❷ 将前景色设置为黄色（R:230，G:240，B:35），选择【编辑】→【填充】命令或按下 Shift+F5 组合键。弹出【填充】对话框，在【使用】下拉列表框中选择【前景色】选项。在【混合】选项组中可以设置不透明度和填充模式。如图 3.66 所示。单击 确定 按钮，即可为选区填充上颜色。如图 3.67 所示。

图 3.65　创建选区

图 3.66 【填充】对话框

图 3.67 为选区填充上颜色

2. 选区描边

在选定的区域边界线上，用选定的颜色进行笔画式描边，可以更突出效果。下面结合实例介绍如何使用描边工具为选区描边。

❶ 打开 "Sample\ch03\杨桃.jpg" 文件。选择椭圆选框工具 ⬭，在图中建立椭圆选区。如图 3.68 所示。

图 3.68 创建选区

❷ 选择【编辑】→【描边】命令，在弹出的【描边】对话框中设定描边的宽度、颜色、位置等。各项设置如图 3.69 所示。颜色设置为黄色（R:230，G:240，B:35）。单击 确定 按钮，即可在选区外边出现前景色为填充颜色的边框，如图 3.70 所示。

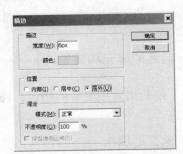

图 3.69 【描边】对话框

图 3.70 为选区描边

3.5 典型实例——绘制时尚插画

1. 实例预览

实例效果分别如图 3.71～图 3.73 所示。

图 3.71 国画

图 3.72 枫叶

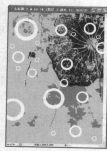
图 3.73 时尚插画

2. 实例说明

使用的主要工具或命令有：【魔术棒工具】、【反选命令】、【椭圆选区工具】、【调整选区命令】和【填充工具】等。

3. 实例操作步骤

第 1 步：新建文件。

选择【文件】→【新建】命令。在弹出【新建】对话框中创建一个宽度为 210 毫米，高度为 297 毫米，分辨率为 72 像素/英寸，颜色模式为 RGB 模式的新文件。单击 确定 按钮。如图 3.74 所示。

图 3.74 【新建】对话框

第 2 步：使用前景色填充。

单击工具箱中的【设置前景色】■按钮，设置前景色的颜色为粉色（R:255，G:182，B:239）。单击 确定 按钮。为背景图层填充前景色。如图 3.75 所示。

图 3.75 填充前景色

第 3 步：打开素材。

打开 "Sample\ch03\国画.jpg" 和 "Sample\ch03\枫叶.jpg" 2 幅图像。

第 4 步：使用素材。

❶ 选择工具栏上的魔术棒工具（保持默认的设置）。选择"枫叶"图像中的蓝色天空。

❷ 选择【选择】→【选取相似】命令选择更大面积的蓝色天空。如图 3.76 所示。

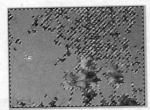

图 3.76　选择更大面积的蓝色天空

第 5 步：编辑选区。

❶ 选择【选择】→【反向】命令反选选区。然后选择工具栏上的【矩形选框工具】。

❷ 将鼠标光标移动到选区的内部，然后拖曳鼠标将选区复制到新建的文件内，并调整其位置。如图 3.77 所示。

图 3.77　选区

第 6 步：使用前景色填充。

❶ 设置前景色的颜色为深一些的粉色（R:218，G:73，B:186），单击 确定 按钮。

❷ 然后新建一个图层，对选区填充前景色。如图 3.78 所示。

图 3.78　对新建图层填充

第 7 步：使用素材。

❶ 切换到国画素材，选择工具栏上的魔术棒工具 （保持默认的设置）。

❷ 选择国画素材上的深蓝色区域。如图 3.79 所示。

图 3.79　选择选区

第 8 步：编辑选区。

❶ 选择【选择】→【选取相似】命令选择更大面积的蓝色区域。

❷ 选择工具栏上的矩形选框工具，将鼠标光标移动到选区的内部，然后拖曳鼠标将选区复制到新建的文件内，并调整其位置。

❸ 选择【选择】→【变换选区】命令调整选区的大小。如图 3.80 所示。

图 3.80　调整选区的大小

第 9 步：使用前景色填充。

❶ 在工具箱中单击默认前景色和背景色。

❷ 新建一个图层。对选区填充前景色。如图 3.81、图 3.82 所示。

图 3.81　新建图层

图 3.82　对选区填充

第 10 步：设置图层。

选择【图层 2】图层。将【图层 2】的图层不透明度设置为 85%，制作合成效果。如图 3.83 所示。

图 3.83　图层设置

第 11 步：绘制圆环。

❶ 选择工具栏上的椭圆选框工具 。在选项栏上设置为减选模式 。然后绘制圆环选区。如图 3.84 所示。

图 3.84　绘制圆环

❷ 在工具箱中单击默认前景色和背景色 。

❸ 新建一个图层。如图 3.85 所示。按下 Ctrl + Delete 键对选区填充背景色。如图 3.86 所示。

图 3.85　新建图层

图 3.86　填充背景色

❹ 选择工具箱中的【移动工具】 。按住键盘上的 Alt 复制白色圆环图形。

❺ 调整其大小和位置，得到杂志时尚插画效果。如图 3.85 所示。

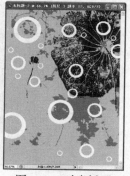

图 3.87　时尚插画

4. 实例总结

本实例主要运用魔术棒工具、椭圆选区工具、填充工具、反选命令、调整选区命令等工具和命令来处理图片。读者通过新建与设置图层、填充背景色与前景色等操作，在练习编辑选区命令的同时，能学会制作优美的插画效果。

3.6　本 讲 小 结

本讲主要介绍选区的建立、选区的基本操作、选区的编辑等内容。希望读者在学习过程中多加体会，并熟练掌握各种选框工具的使用方法，设计出优秀的作品。

3.7　思 考 与 练 习

1. 选择题

（1）如果想取消使用磁性套索工具，可按（　　　）键返回。

　　A. Alt+Delete　　　　B. Shift+F5　　　C. Delete　　　　D. Esc

（2）（　　　）适合选择多边形选区。

　　A. 多边形套索工具　　B. 铅笔工具　　　C. 涂抹工具　　D. 历史记录画笔工具

2. 判断题

（1）选框工具包括 2 种：矩形选框工具、椭圆选框工具。　　　　　　　　　　（　　　）

（2）利用工具箱中的移动工具 ⊹，在文件中拖动指定的选区图像，可以将图像移动。

　　　　　　　　　　　　　　　　　　　　　　　　　　　　　　　　　（　　　）

3. 上机操作题

打开"Sample\ch03\多色太阳花.jpg"文件和"Sample\ch03\盘子.jpg"文件制作出如图 3.88 所示效果。

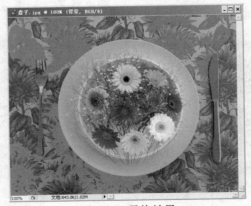

图 3.88　最终效果

第 **4** 讲　图像编辑方法

▶ **快速导读**

　　本讲介绍了图像的基本编辑、自由变换图像的方法、修改图像和画布大小的一些命令。着重介绍了图像编辑方法、图像变换的命令、图像和画布大小修改的命令；其中图像编辑的方法是本讲的难点。通过本讲学习，可以学会图像编辑方法及如何变换图像、修改图像和画布的大小，能熟练掌握图像编辑方法。

4.1　图像的基本编辑

在 Photoshop 中处理图像时，常常要对图像进行编辑。图像的基本编辑包括移动图像、复制图像、"合并拷贝"和"贴入"命令、删除图像等。

4.1.1　移动图像的方法

使用移动工具 ▸⊕ 可以移动图像。如果没有创建选区，可以移动当前选择的图层图像，移动整个图层图像将在后面第 8 讲中详细讲解。如果创建选区，可以移动选区内的图像。下面结合实例来说明如何移动图像。

❶ 打开 "Sample\ch04\白天鹅.jpg"、"Sample\ch04\荷花.jpg" 文件，分别如图 4.1 和图 4.2 所示。

图 4.1　白天鹅

图 4.2　荷花

❷ 选择【椭圆选框】工具，在工具选项栏内设置羽化值为 30 像素，然后在"荷花"的图像上创建一个椭圆选区，如图 4.3 所示。

图 4.3　创建选区

❸ 选择【移动】工具，将光标放在选区内，单击并拖动鼠标将选区内图像拖动到"白天鹅"图像上，松开鼠标按键。按 Ctrl+T 快捷键调整大小，并放到适当位置，如图 4.4 所示。

图 4.4　移动图像并调整后的效果

4.1.2　复制图像的方法

　　选择【图像】→【复制】命令，弹出【复制图像】对话框，在【为】文本编辑框中输入复制后的名称，如图 4.5 所示。如果要复制图像并合并图层，选择【仅复制合并的图层】选项，如果要保留图层，则取消此选项。设置完成后，单击 确定 按钮即可复制当前的图像文件，复制后的图像会出现在一个新的图像窗口中，如图 4.6 所示。

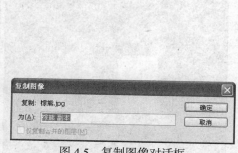

图 4.5　复制图像对话框

图 4.6　复制图像文件

4.1.3　"合并拷贝"和"贴入"命令使用

　　选择【编辑】→【合并拷贝】命令，是针对具有多个图层的文件的复制命令，执行此命令时可以将所有图层复制并合并到剪贴板中，画面中的图像内容不变。

　　复制选区内的图像后，选择【编辑】→【贴入】命令，可以将图像粘贴到同一图像的任意位置或不同图像的的另一个选区内。如图 4.7 所示为创建选区，图 4.8 所示为使用"贴入"命令将另一个选区内的图像粘贴到图 4.7 所示图像选区中的效果，图 4.9 所示为所创建的图层蒙版。

图 4.7　创建选区

图 4.8　贴入

图 4.9　创建的图层蒙版

4.1.4 删除图像的方法

删除图像有删除选区内图像和删除整个图层图像两种。下面光介绍删除选区内图像的方法，而整个图层图像的删除方法则在第 8 讲中介绍。

在【图层】调板中单击选中需要清除图像的目标图层，然后创建选区，如图 4.10 所示。选择【编辑】→【清除】命令，或者按 Delete 键删除。如图 4.11 所示。

图 4.10　选取删除对象　　　　　　　　　图 4.11　删除后

练一练

打开"Sample\ch04\蔷薇 01.jpg、Sample\ch04\蔷薇 02.jpg"文件，分别如图 4.12、图 4.13 所示，利用编辑拷贝和粘贴入命令合成图像，如图 4.14 所示。

图 4.12　蔷薇 01.jpg　　　　图 4.13　蔷薇 02.jpg　　　　图 4.14　合成蔷薇

提　示

在使用粘贴入命令时，应先在准备贴入的图像中创建选区。

4.2　自由变换图像

利用 Photoshop 中的变换功能可以对图像进行缩放、旋转、斜切、伸展或扭曲等处理，也可以向选区、整个图层、多个图层或图层蒙版应用变换功能，还可以向路径、矢量形状、矢量蒙版或 Alpha 通道应用变换功能。

4.2.1　图像的变换与扭曲

选择【编辑】→【变换】命令，可打开下拉子菜单，如图 4.15 所示。利用这个菜单可对图像进行变换处理，或按下 Ctrl+T 快捷键进行自由变换。图像的变换有缩放、旋转、斜切、扭曲、透视、变形、水平翻转、垂直翻转等类型，图 4.16 所示为执行了缩放命令的效果。

图 4.15　变换菜单

图 4.16　台灯缩放

4.2.2　图像的变形

选择【编辑】→【变换】→【变形】命令即可调出变形网格，同时工具选项栏将变为如图 4.17 所示状态。

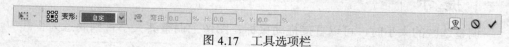

图 4.17　工具选项栏

在调出变形网格后，可采用 2 种方法对图像进行变形操作。

方法 1：在工具选项栏的【变形】下拉列表中选择适当的形状选项，如图 4.18 所示。

方法 2：直接在图像内部、节点或控制句柄上拖动光标，直至将图像变形为所需的效果，如图 4.19 所示。

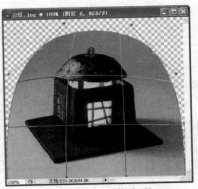

图 4.18　变形下拉列表　　　　　　　　　图 4.19　图像变形

4.3　修改图像和画布大小

使用"图像大小"命令可以调整图像的像素大小、打印尺寸和分辨率。使用"画布大小"命令可以增大或减小图像的画布大小。

4.3.1　利用裁剪工具裁切图像

在编辑图像或对照片进行处理时，经常要裁切图像，以便使画面的构图更加合理。在工具箱中选择 工具，在画面中单击并拖动鼠标出现一矩形，如图 4.20 所示，按 Enter 键，矩形框外的图像就会被裁切掉，如图 4.21 所示。

图 4.20　海南风光　　　　　　　　　　图 4.21　裁切后

> **提　示**
>
> 调整选区的大小时，可以直接拖动鼠标在图像上调整其大小直到满意为止。

4.3.2　旋转与翻转画布

选择【图像】→【旋转画布】命令，可弹出下拉子菜单，如图 4.22 所示。利用这个菜单的命令功能可对画布进行变换。

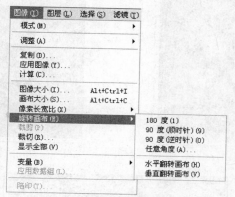

图 4.22 旋转画布菜单

练一练

打开 "Sample\ch04\娃娃鱼.jpg" 文件，如图 4.23 所示。利用 "裁切" 命令纠正图像后的效果如图 4.24 所示。

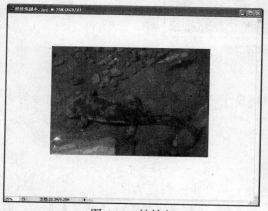

图 4.23 娃娃鱼.jpg

图 4.24 最终效果

提 示

在使用裁切命令时，可在弹出的【裁切】对话框中选择左上角像素颜色或者右上角像素颜色进行裁切。

4.4 典型实例——大海的故事

1. 实例预览

实例效果分别如图 4.25～图 4.27 所示。

图 4.25　假山

图 4.26　大海

图 4.27　大海的故事

2. 实例说明

主要工具或命令:【磁性套索工具】、【编辑拷贝】、【编辑贴入】【自由变换】命令等。

3. 实例操作步骤

第 1 步: 打开文件。

❶ 打开 "samples\ch04\假山.jpg"。

❷ 在工具箱中选择磁性套索工具 ⟨套索工具⟩ 在假山上创建选区,如图 4.28 所示。

图 4.28　假山创建选区

第 2 步: 创建选区。

❶ 选择【编辑】→【拷贝】命令,打开 "Sample\ch04\大海.jpg" 文件,在大海图像的适当位置上创建选区,如图 4.29 所示。

图 4.29　创建选区

第 3 步：贴入图像。

❶ 选择【编辑】→【贴入】命令，效果如图 4.30 所示。

第 4 步：调整图像。

❶ 选择【编辑】→【自由变换】命令，对图中的假山进行位置和大小调整，如图 4.31 所示。

图 4.30　贴入效果

图 4.31　大海的故事

4．实例总结

本实例通过运用磁性套索工具、拷贝、贴入命令和自由变换命令制作图片。在创建选区时，如果图像是比较规整的方形或圆形图像，可以直接选择规则的选框工具，易于更快捷地创建选区。

4.5　本 讲 小 结

本讲主要讲解了编辑图像的基本操作，这对于处理图像是非常重要的。因此，在新建图像文件或重新设置画布大小时，需要掌握一些基本的图像编辑方法。

4.6　思考与练习

1．选择题

（1）图像的变形可以选择以下命令（　　　）。

　　A．选择【编辑】→【自由变换】命令

　　B．选择【编辑】→【变换】→【变形】命令

　　C．选择【编辑】→【拷贝】命令

　　D．选择【编辑】→【粘贴】命令

（2）自由变换图像的快捷键是（　　　）。

　　A．Shift + N　　　　　　　　　　B．Ctrl + T

　　C．Ctrl + Z　　　　　　　　　　 D．Ctrl + O

（3）"合并拷贝"图像的快捷键是（　　）。

    A. Shift + Ctrl + N

    B. Shift + Ctrl + C

    C. Shift + Ctrl + V

    D. Shift + Ctrl + T

2. 判断题

（1）使用移动工具 ▶₊ 可以移动图像时，只能移动选区内图像。　　（　　）

（2）使用"图像大小"命令可以调整图像的像素大小、打印尺寸和分辨率。　（　　）

3. 上机操作题

打开两幅不同的人物图像，运用拷贝、贴入的命令对两幅图像进行头部更换。

第**5**讲 绘画与修饰工具（上）

▶ **本讲要点**

- 了解画笔工具和铅笔工具的相关知识
- 掌握画笔工具和铅笔工具的使用方法
- 如何使用图章工具组复制图像
- 如何使用历史记录工具组恢复图像

▶ **快速导读**

　　本讲主要介绍工具箱中的绘画与修饰工具的使用方法。读者可初步了解对画笔工具和铅笔工具的相关知识，重点掌握使用图章工具组复制图像和使用历史记录工具组恢复图像的方法。笔刷的选择与设置是本讲的难点，应注意把握。

5.1　画笔工具组的使用

画笔工具组包括"画笔"工具 ✐、"铅笔"工具 ✐ 和"颜色替换"工具 ✎ 。

5.1.1　画笔工具组的使用

1. 画笔工具的使用

画笔工具的使用方法与实际中利用毛笔在画纸上绘画是一样的，可以表现出多种边缘柔软的效果。

画笔工具的选项栏有画笔、模式、不透明度、流量和喷枪等选项，如图 5.1 所示。

图 5.1　画笔工具选项栏

（1）工具预设下拉调板：单击画笔工具右侧的 ✐· 按钮，打开"工具预设"下拉调板，在弹出的调板中可以选择一种预设的画笔。

（2）画笔：单击工具选项栏中画笔右侧的 画笔 ✐· 按钮，在弹出的调板中可以根据需要预设的各种画笔。拖动"主直径"选项滑块或输入数值，可以调整画笔的大小。"硬度"选项是用来设定画笔笔尖的硬度，如图 5.2 所示。单击调板中的 ▣ 按钮，可以对当前画笔进行保存。单击调板中 ▸ 按钮，可打开调板菜单。

（3）模式：单击模式右侧的按钮，在弹出的菜单中可以选择不同的混合模式。关于模式的具体用法将在以后的章节中详细介绍。

（4）不透明度：用于设置画笔的不透明度。在其输入框中输入 0～100 的数值或者单击其按钮可在弹出的滑块条中拖曳滑块来更改画笔的不透明度。

（5）流量：画笔画出的轨迹都是由许多画笔的点按照一定的规律组成的，"流量"选项就是设定每个点色彩浓度的百分数。其设置方法与不透明度的一样。

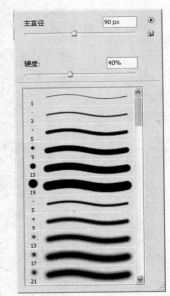

图 5.2　画笔调板

（6）喷枪：单击 ✎ 按钮后，画笔便具有喷枪的属性。使用喷枪工具的方法很简单，只要在图像上的某个固定点单击直接绘制即可，在同一位置停留的时间越长，画笔颜色将会越深。

使用画笔工具的操作步骤如下。

❶ 打开"Sample\ch05\芒果.jpg"文件，如图 5.3 所示。

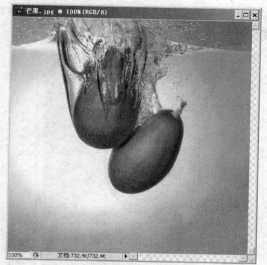

图 5.3 芒果

❷ 单击工具箱中的■按钮，设置前景色，各项参数如图 5.4 所示。

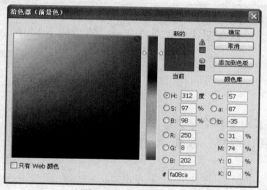

图 5.4 设置前景色

❸ 在工具箱中选择画笔工具✎，在

画笔列表中选择合适的画笔尺寸，如图 5.5 所示，再将鼠标光标移到图像窗口中，便可以开始绘制。如图 5.6 所示。

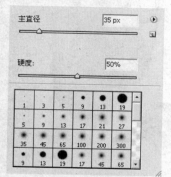

图 5.5 选择合适的画笔尺寸

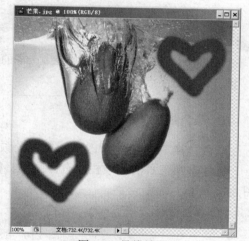

图 5.6 最终效果

2. 铅笔工具的使用

铅笔工具的使用方法和实际中运用铅笔在画纸上绘画是相似的，所画出的曲线是硬的、有棱角的，其使用方法与画笔工具的相同。

铅笔工具的选项栏中有画笔、模式、不透明度和自动擦除等选项。如图 5.7 所示。

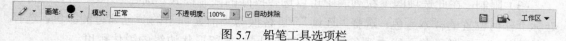

图 5.7 铅笔工具选项栏

（1）"画笔"、"模式"、"不透明度"选项的用法和画笔的相同，在此就不再详细介绍了。

（2）自动擦除：此选项是铅笔工具的特殊功能。勾选此项后，使用铅笔工具绘图时，如果用鼠标在与前景色相同的区域上绘制，则该区域将被涂抹成背景色，如图 5.8 所示。如果在不包含前景色的区域上绘制，则该区域将被涂抹成前景色，如图 5.9 所示。

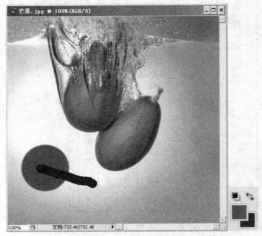
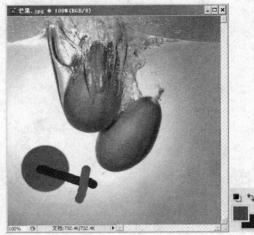

图 5.8　起画点与前景色相同时的效果　　　　图 5.9　起画点与前景色不同时的效果

｜ 提 示 ｜

要用画笔工具、铅笔工具绘制一条直线，可以在图像中先单击起点，然后按下 Shift 键，再单击终点即可完成。

3. 颜色替换工具

颜色替换工具 用于改变图像背景颜色或对象颜色。

颜色替换工具的选项栏中有：画笔、模式、取样、限制、容差和消除锯齿等选项。如图 5.10 所示。

图 5.10　颜色替换工具选项栏

（1）模式：用来选择混合模式。在其下拉列表中选择"色相"，则是用基本色的饱和度和明度与混合色的色相产生结果色。选择"饱和度"，则用基本色的饱和度和明度与混合色的饱和度产生结果色。选择"颜色"，则用基本色的明度与混合色的色相和饱和度产生结果色。选择"明度"，则会产生与"颜色"选项相反的效果。

（2）取样：用来设置颜色的取样方式。单击 按钮，拖动鼠标时可连续对颜色取样；单击 按钮，只替换包含第一次单击的颜色区域中的目标颜色；单击 按钮，只替换包含当前背景色的区域。

（3）限制：在此选项的下拉列表中可以选择擦除的限制模式。选择"不连续"，可替换光标下任何位置的样本颜色；选择"连续"，可替换与当前光标下的颜色邻近的颜色；选择"查找边缘"，可替换包含样本颜色的连接区域，同时保留形状边缘的锐化程度。

在使有颜色替换工具时，一般在需要修改的图像中设置需要替换颜色的选区，再选择该工具，然后在其选项栏中选择画笔，将"模式"选项设置为"颜色"，再在选区中拖动鼠标即可更改颜色。

5.1.2　笔刷的选择与设置

笔刷是 Photoshop 中的一个工具，它可以使预设的图案，通边画笔的形式直接使用。笔刷控制面板主要用来设定各种绘图工具的笔刷大小的形状。

选择使用"画笔"工具后，单击"画笔"工具栏右侧的 按钮，打开"画笔"调板。也可以选择【窗口】→【画笔】命令，打开"画笔"调板。如图 5.11 所示。

下面依次介绍"画笔"调板的各项功能。

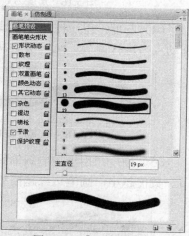

图 5.11　【画笔】调板

1．画笔预设

单击调板中的左侧区域选中此项，就可以在调板的右侧看到各种画笔预设样式，如图 5.12 所示。单击调板右下角的 按钮，可以创建新的画笔预设样式，单击 按钮，可以删除原有的画笔预设样式。

2．画笔笔尖形状

选中此选项后，调板如图 5.13 所示，这一项中包含了直径、硬度、间距、角度和圆度等属性。

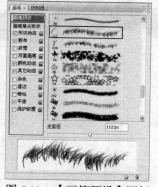

图 5.12　【画笔预设】调板

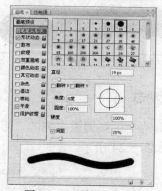

图 5.13　画笔笔尖形状

（1）直径：用于控制画笔的大小，可以通过拖动滑块或输入以像素为单位的数值进行调节。图 5.14、图 5.15 所示。

图 5.14　画笔笔尖直径为 15px

图 5.15　画笔笔尖直径为 45px

（2）翻转 X/翻转 Y：勾选"翻转 X"，可以改变画笔笔尖在 x 轴上的方向；勾选"翻转 Y"，可以改变画笔笔尖在 y 轴上的方向。

（3）角度：指椭圆形画笔或圆形画笔长轴与水平线的偏角，可通过拖动点或输入数值进行调节。如图 5.16、图 5.17 所示。

图 5.16　角度为 0°

图 5.17　角度为 45°

（4）圆度：用于控制圆形画笔笔尖长短轴的比例，可通过输入百分比值或在预览框中拖动点来进行调节。如图 5.18 所示、图 5.19 所示。

图 5.18　圆度为 100°

图 5.19　圆度为 45°

（5）硬度：用于控制画笔硬度中心的大小，可通过拖动滑块或输入百分比数值进行调节。数值越小，画笔边缘越模糊。如图 5.20、图 5.21 所示。

图 5.20　硬度值为 30%

图 5.21　硬度值为 100%

（6）间距：用于控制画笔笔尖之间的距离，可通过拖动滑块或输入百分比数值进行调节。数值越小，间隔的距离就越小。如图 5.22、图 5.23 所示。

图 5.22　间距为 50%

图 5.23　间距为 100%

3. 形状动态

勾选"画笔"工具调板左侧的"形状动态"选项，调板右侧会显示出该选项所对应的设置参数，如图 5.24 所示。

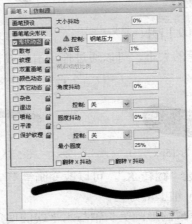
图 5.24　勾选"形状动态"选项

（1）大小抖动：用于控制画笔抖动的变化程度，可通过拖动滑块或输入百分比数值进行调节。如图 5.25、图 5.26 所示。

图 5.25　抖动值为 0%

图 5.26　抖动值为 100%

（2）控制：用于确定画笔笔迹变化的方式。在此选项下拉列表中选择"关"表示不改变画笔笔迹大小。选择"渐隐"选项，可在右侧的文本框中输入步长值，根据设定的步长值在起始直径和最小直径之间改变画笔笔迹的大小，如图 5.27、图 5.28 所示。选择"钢笔压力"、"钢笔斜度"、"光笔轮"选项时，可分别根据钢笔的压力、倾斜程度、钢笔拇指轮位置或钢笔的旋转来改变起始直径和最小直径之间画笔笔迹变化的大小。

图 5.27　"渐隐"步长值为 10%

图 5.28　"渐隐"步长值为 30%

（3）最小直径：决定了画笔笔迹可以缩放的最小百分比，数值越小，画笔抖动的变化越大。如图 5.29、图 5.30 所示。

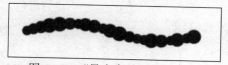

图 5.29　"最小直径"为 50%

图 5.30　"最小直径"为 1%

（4）倾斜缩放比例：只有在"控制"下拉列表中勾选"钢笔斜度"选项后，该选项才被激活，此时可在"倾斜缩放比例"选项中设置画笔高度的比例。

（5）角度抖动/控制：确定画笔笔迹角度的变化程度。如图 5.31、图 5.32 所示。在"控制"下拉列表中选择"关"，表示不改变画笔笔迹的角度变化。选择"渐隐"可按照指定的步长在 0°～360° 之间渐隐画笔笔迹的角度。选择"钢笔压力"、"钢笔斜度"、"光笔轮"和"旋转"可分别根据钢笔的压力、倾斜程度、钢笔拇指轮位置或钢笔的旋转在 0°～360° 之间改变画笔笔迹角度。选择"初始方向"使画笔笔迹的角度靠近画笔描边的初始方向。选择"方向"使画笔笔迹的角度靠近画笔描边的方向。

图 5.31　角度抖动值为 0%

图 5.32　角度抖动值为 100%

（6）圆度抖动/控制：确定画笔笔迹圆度改变的方式，如图 5.33、图 5.34 所示。在"控制"下拉列表中可以选择"关"、"渐隐"、"钢笔压力"、"钢笔斜度"、"光笔轮"和"旋转"等选项。

图 5.33　圆度抖动值为 0%

图 5.34　圆度抖动值为 100%

（7）最小圆度：用于确定画笔笔迹的最小圆度。

（8）翻转 X 抖动/翻转 Y 抖动：设置画笔笔尖在 x 轴或 y 轴上的方向。

4．散布

散布用来指定描边中笔迹的数量和位置。勾选"画笔"调板左侧的"散布"选项，调板右侧会显示该选项对应的设置参数。如图 5.35 所示。

图 5.35　勾选"散布"选项

（1）散布：用于设定画笔笔迹在描边中的分散程度，如图 5.36、图 5.37 所示。勾选"两轴"选项，画笔笔迹按辐射方向分散；取消"两轴"选项，画笔笔迹按描边的垂直方向分散。

（2）控制：用于确定画笔笔迹的分散方式。在"控制"下拉列表中选择"关"，表示不控制画笔笔迹的散布变化。选择"渐隐"，表示按设定的步长值分散画笔笔迹。选择"钢笔压力"、"钢笔斜度"、"光笔轮"和"旋转"则可分别根据钢笔的压力、倾斜程度、钢笔拇指轮位置或钢笔的旋转来改变画笔笔迹的散布。

（3）数量：设置在间隔处画笔笔迹的数量。数值越大，画笔笔迹就越密集。如图 5.38、图 5.39 所示。

图 5.36　散布数值为 0%

图 5.37　散布数值为 100%

图 5.38　数量值为 1

图 5.39　数量值为 5

（4）数量抖动/控制：设定在间隔处画笔笔迹数目的变化程度。如图 5.40、图 5.41 所示。可以从"控制"选项下拉列表中选择控制画笔笔迹数量变化的方式。

图 5.40　数量抖动值为 0%

图 5.41　数量抖动值为 100%

5．纹理

纹理用于设定画笔和图案纹理相混合的方式。勾选"画笔"调板左侧的"纹理"选项，调板右侧会显示该选项对应的设置参数。如图 5.42 所示。

（1）纹理下拉调板：单击纹理图案右侧的按钮可以打开下拉调板，从中可以选择所需的纹理。如图 5.43 所示。

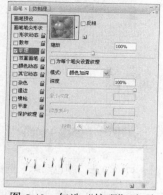

图 5.42 勾选"纹理"选项

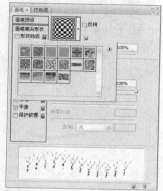

图 5.43 纹理下拉调板

（2）反相：勾选此项，则取反相纹理，对图案中的色调反转纹理中的亮点和暗点。

（3）缩放：用来设置图案的缩放比例。

（4）为每个笔尖设置纹理：可以把选中的纹理单独应用于画笔描边中的每个画笔笔迹，而不是整体应用于画笔描边。只有勾选此项后，才能使用"深度"变化选项。

（5）模式：用于确定纹理和画笔的混合模式。

（6）深度：用于确定纹理和画笔的作用程度。深度值为 0 时，纹理中所有的点都接收相同数量的颜色，深度值为 100% 时，纹理中的暗点不接收任何颜色。如图 5.44、图 5.45 所示。

图 5.44 深度值为 0%

图 5.45 深度值为 100%

（7）最小深度：在"控制"下拉列表中选择"渐隐"、"钢笔压力"等选项时，最小深度用于设定画笔和纹理作用的最小程度。

（8）深度抖动/控制：用于设定深度的变化程度。如何控制画笔笔迹的深度变化，可以从"控制"下拉列表中选择一个选项。

6. 双重画笔

用于设定两种画笔的混合效果。勾选此项后，调板如图 5.46 所示。

（1）模式：用于设定两种画笔的混合模式。

（2）直径：用于设定第 2 画笔的直径。

（3）间距：用于设定第 2 画笔的间距。

（4）散布：用于设定第 2 画笔笔尖的分散程度。勾选"两轴"选项，画笔笔迹按径向分散；取消"两轴"选项，画笔笔迹按描边的垂直方向分散。

（5）数量：用于设定在第 2 画笔中的间隔处画笔笔迹的数目。

7. 颜色动态

颜色动态用于设定画笔的色彩性质。勾选"画笔"调板左侧的"颜色动态"选项，调板右侧会显示该选项对应的设置参数。如图 5.47 所示。

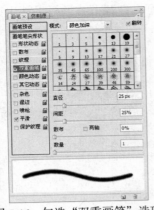

图 5.46 勾选"双重画笔"选项

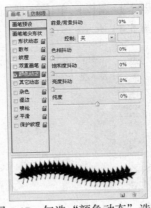

图 5.47 勾选"颜色动态"选项

（1）前景/背景抖动：用于设置画笔颜色在前景色和背景色之间的变化程度。数值越高，变化的颜色越接近背景色。可以从"控制"下拉列表中选择控制画笔笔迹的变化的方式。

（2）色相抖动：用于设置笔迹颜色色相的变化程度。数值越小，变化的颜色越接近前景色的色相。

（3）饱和度抖动：用于设置画笔笔迹颜色饱和度的变化程度。

（4）亮度抖动：用于设置画笔笔迹颜色亮度的变化程度。

（5）纯度：用于设置画笔笔迹颜色纯度的变化程度。

8．其它动态

用来设定"不透明度抖动"和"流量抖动"选项的动态效果。勾选"画笔"调板左侧的"其它动态"选项，调板右侧会显示该选项对应的设置参数。如图 5.48 所示。

（1）不透明度抖动/控制：用于控制画笔描边中不透明度的变化方式。可以从"控制"下拉列表中选择控制画笔笔迹不透明度的变化方式。

（2）流量抖动/控制：用于控制画笔描边中颜料流动变化的方式。可以从"控制"下拉列表中选择控制画笔笔迹流量的变化方式。

图 5.48 勾选"其它动态"选项

另外"画笔"调板左侧还有 5 个单独的选项，包括"杂色"、"湿边"、"喷枪"、"平滑"和"保护纹理"。这 5 个选项中没有提供控制参数，使用时只需将其选择即可。

- 杂色：为画笔边缘添加柔化效果。
- 湿边：可以使画笔具有水彩效果。
- 喷枪：可以使画笔具有喷枪的性质。
- 平滑：可以使画笔边缘更平滑。
- 保护纹理：勾选此项后，在使用多个纹理画笔笔尖绘画时，可以模拟出效果一致的画布纹理。

5.1.3 自定义和保存画笔

在 Photoshop 中可以创建自定义的画笔，具体的操作步骤如下。

❶ 打开 "Sample\ch05\黄花.jpg" 文件，如图 5.49 所示。

图 5.49　黄花

❷ 选择椭圆选框工具 ◯，工具选项栏中设置羽化值为 30px，在图像上创建一个选区。如图 5.50 所示。

图 5.50　创建选区

❸ 选择【编辑】→【定义画笔预设】命令，弹出【画笔名称】对话框，如图 5.51

所示。在【名称】文本编辑框中键入 "花"，然后单击 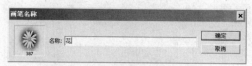 按钮，创建自定义画笔。

图 5.51　"画笔名称" 对话框

❹ 打开【画笔】调板，选择调板左侧的 "画笔预设" 选项，就可以在画笔列表中找到新建的画笔，如图 5.52 所示。

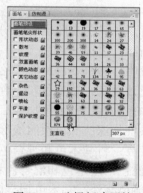

图 5.52　选择新建画笔

5.1.4　设置绘图的不透明度和效果模式

前文曾介绍【画笔】工具的选项栏包括画笔、模式、不透明度、流量和喷枪等选项，如图 5.53 所示。

图 5.53　画笔工具选项栏

这一节将详细介绍 "不透明度" 和 "模式" 选项。

1. "不透明度" 选项

用于设置绘图时画笔的不透明度。如图 5.54 和图 5.55 所示。

2. 模式

"模式" 的下拉列表中提供以下选项。

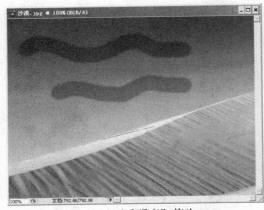
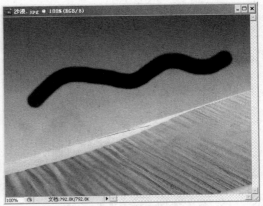

图 5.54　　"不透明度"值为 30%　　　　　　图 5.55　　"不透明度"值为 100%

（1）正常：默认的模式，处理图像时直接生成结果色。

（2）溶解：在处理图像时直接生成结果色，但在处理过程中，会将基本色和混合色随机溶解开。

（3）背后：只能在图层的透明层上编辑，效果是画在透明层后面的图层上。

（4）清除：去掉颜色。

（5）变暗：将基本色和混合色中较暗的部分作为结果色。

（6）正片叠底：基本色和混合色相加。

（7）颜色加深：基本色加深后去掉反射混合色。

（8）线性加深：颜色按照线形逐渐加深。

（9）变亮：将基本色和混合色中较亮的部分作为结果色。

（10）滤色：基本色和混合色相加后取其负项，将使所得颜色会变浅。

（11）颜色减淡：基本色加亮后去反射混合色。

（12）线性减淡：颜色按照线形逐渐减淡。

（13）叠加：将图像或是色彩加在像素上时，会保留其基本色的最亮处和阴影处。

（14）柔光：其效果类似于图像上漫射聚光灯，当绘图颜色灰度小于50%时则会变暗，反之则亮。

（15）强光：效果类似于在图像上投射聚光灯。

（16）亮光：变亮的幅度比线性光和点光的大。

（17）线性光：线形逐渐变亮。

（18）点光：通过增加或减少对比度来加深或减淡颜色，具体取决于混合色。

（19）实色混合：Photoshop CS3 新增的一个笔刷混合模式。选择此模式后，该图层图像的颜色会和下一个图层图像中的颜色进行混合。这种模式会根据使用实色混合模式图层的填充不透明度设置使下面的图层产生色调分离。填充不透明度设置高会产生极端色调分离，而填充不透明度设置低则会产生较光滑的图像。

（20）差值：将基本色减去混合色或是将混合色减去基本色。

（21）排除：效果类似于"差值"的，但更柔和。

（22）色相：用基本色的饱和度、明度与混合色的色相产生结果色。

（23）饱和度：用基本色的饱和度、明度与混合色的饱和度产生结果色。

（24）颜色：用基本色的明度与混合色的色相、饱和度产生结果色。

（25）明度：产生与"颜色"相反的效果。

5.2　橡皮擦工具的使用

5.2.1　橡皮擦工具

橡皮擦工具是用来擦除颜色的工具。橡皮擦工具包括：橡皮擦工具 、背景橡皮擦工具 和魔术橡皮擦工具 。

橡皮擦工具的选项栏提供画笔、模式、不透明度、喷枪和抹到历史记录等选项，如图 5.56 所示。

图 5.56　橡皮擦工具选项栏

（1）画笔：选择【橡皮擦工具】的形状和大小。使用方法和【画笔工具】的相同。

（2）模式：在此选项的下拉列表中可以选择工具的擦除模式。若选择"画笔"和"铅笔"模式，可将橡皮擦作为像画笔和铅笔工具一样使用；若选择"块"模式，则所用工具将是具有硬边缘和固定大小的方形，并且不能修改"不透明度"或"流量"选项。使用各种模式的效果分别如图 5.57～图 5.60 所示。

图 5.57　"夕阳"原图

图 5.58　选择"画笔"模式的处理效果

图 5.59　选择"铅笔"模式的处理效果

图 5.60　选择"块"模式的处理效果

（3）不透明度：用于设置工具的不透明度。其使用方法和画笔工具的相同。

（4）流量：用于设定每个点色彩浓度的百分数。其使用方法和画笔工具的相同。

（5）喷枪：可以使画笔具有喷枪的性质。可以用于直接绘画。

（6）抹到历史记录：勾选此项后，橡皮擦工具就具有与历史画笔相同的功能，其使用方法与历史画笔的相同。

橡皮擦工具的使用方法与画笔工具的相同。一般是在选中橡皮擦工具后，单击鼠标在图像上来回拖动即可。当工作图层为背景层时，擦出的颜色与背景色一致；当工作图层是其他图层时，则涂抹的区域将被擦除为透明区域。如图 5.61、图 5.62 所示。

图 5.61　工作图层是背景层　　　　　　　　　图 5.62　工作图层是其他图层

5.2.2　背景橡皮擦工具

背景橡皮擦工具 ![icon] 可以将图层中的像素擦除，使之成为透明区域。使用它可以进行选择性擦除。

背景橡皮擦工具的选项栏提供画笔、取样、限制、容差和保护前景色等选项，如图 5.63 所示。

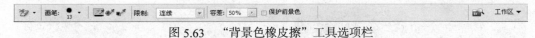

图 5.63　"背景色橡皮擦"工具选项栏

（1）画笔：使用方法和前面介绍的画笔工具的一样。

（2）取样：用来设置颜色的取样方式。单击 ![icon] 按钮，拖动鼠标时可连续对颜色取样；单击 ![icon] 按钮，只擦除包含第一次单击的颜色且处于容差范围内的区域；单击 ![icon] 按钮，只擦除包含当前背景色的区域。

（3）限制：用于设置背景橡皮擦工具的擦除界限。在此选项的下拉列表中可以选择擦除的限制模式。选择"连续"可擦除包含样本颜色并且互相连接的区域；选择"不连续"，即可在选定的色彩范围内多次重复擦除；选择"查找边缘"，可擦除包含样本颜色的连接区域，同时保留形状边缘的锐化程度。

（4）容差：通过输入数字或拖动滑块进行调节。数值越低，擦除的范围越接近样本色。

（5）保护前景色：勾选此项后，能够保护前景色，使之不会被擦除。

5.2.3　魔术橡皮擦工具

魔术橡皮擦工具 ![icon] 的使用方法与魔术棒工具的相似。

　　魔术橡皮擦工具的选项栏提供容差、消除锯齿、连续、对所有图层取样和不透明度等选项。如图 5.64 所示。

| 容差: 32 | ☑消除锯齿 | □连续 | □对所有图层取样 | 不透明度: 100% | 工作区 ▼ |

图 5.64　"魔术橡皮擦工具"选项栏

　　（1）容差：数值越小，选取的颜色范围越接近；数值越大，选取的颜色范围越大。如图 5.65 和图 5.66 所示。

图 5.65　容差值为 20

图 5.66　容差值为 50

　　（2）消除锯齿：可以使被擦除区域的边缘变得平滑。

　　（3）连续：在当前工作图层进行擦除。

　　（4）对所有图层取样：勾选此项，可以把所有图层作为一层进行擦除。

　　（5）不透明度：使用 100%的不透明度能完全擦除像素，而使用较低的不透明度则只是部分擦除像素。

　　在使用时，只需要选中魔术橡皮擦工具，再在图像上需要擦除的颜色范围内单击，它会自动擦除掉颜色相近的区域。

5.3　用图章工具组复制图像

　　图章工具包括"仿制图章"工具和"图案图章"工具两类，它们的基本功能都是复制图像的局部，但复制的方式不同。

5.3.1　仿制图章工具的使用

　　仿制图章工具的选项栏提供画笔、模式、不透明度、流量、对齐、样本等选项，如图 5.67 所示。

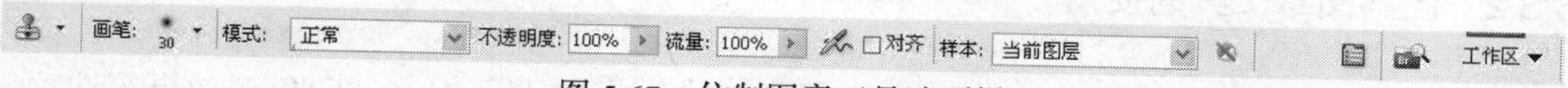

| 画笔: 30 | 模式: 正常 | 不透明度: 100% | 流量: 100% | □对齐 | 样本: 当前图层 | 工作区 ▼ |

图 5.67　仿制图章工具选项栏

　　（1）画笔、模式、不透明度、流量等选项与其他工具选项栏中的相似，这里仅介绍"对齐"选项。

　　（2）"对齐"选项：在复制图像时勾选此选项，会对像素连续取样，即使松开鼠标按键也不会丢失当前的取样点，即定义所要复制的图像后，多次单击并拖动鼠标，最终会得到一个完整的图像。在复制图像时若不勾选此项，则每次停笔后再画时，都会在原先鼠标起画点处画起。

仿制图章工具是通过在图像中选择取样点来复制图像。仿制图章工具的操作步骤如下。

❶ 在工具箱中选择"仿制图章"工具。

❷ 把光标移到图像窗口中，这时光标会变成，然后按下 Alt 键，这时光标变成星状，将光标移动到图像中的任意位置单击鼠标复制。如图 5.68 和图 5.69 所示。

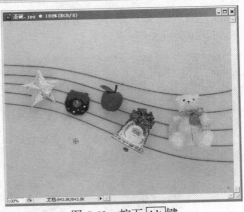

图 5.69　按下 Alt 键

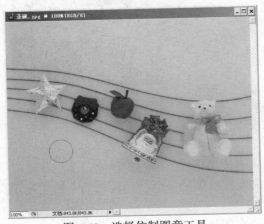

图 5.68　选择仿制图章工具

❸ 松开 Alt 键，取样后，在图像中来回拖动鼠标，即可复制新的图像。如图 5.70 所示。

图 5.70　松开 Alt 键可复制新图像

提　示

使用仿制图章工具进行复制时，图像参考点位置将显示一个十字准心的标记，而在操作处将显示仿制图章工具图标或代表笔刷大小的空心圆，在对齐选项被选中的情况下，十字准心标记与操作处显示的仿制图章图标或空心圆间的相对位置与角度不变。

5.3.2　图案图章工具的使用

图案图章工具的选项栏提供画笔、模式、不透明度、流量、对齐、印象派效果等选项，如图 5.71 所示。下面重点介绍图案、印象派效果选项。

图 5.71　图案图章工具选项栏

（1）图案：单击此选项，会弹出下拉调板，可从中选择所定义过的图案。如图 5.72 所示。

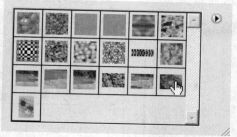

图 5.72　图案下拉面板

（2）印象派效果：勾选此选项后，图像会产生印象派绘画的效果。如图 5.73 和图 5.74 所示。

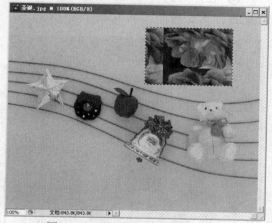

图 5.73　选择印象派效果选项之前

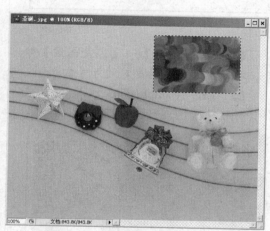

图 5.74　选择印象派效果选项之后

使用图案图章工具 可以选择一种图案进行绘制。在使用时必须首先定义图案。图案图章工具的使用步骤如下。

❶ 打开 "Sample\ch05\圣诞.jpg" 文件，如图 5.75 所示。

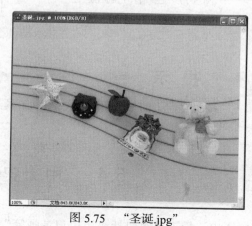

图 5.75　"圣诞.jpg"

❷ 选择矩形选框工具，在图像上创建一个矩形选区。如图 5.76 所示。

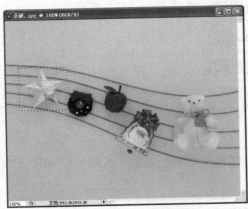

图 5.76 创建一个矩形选区

❸ 选择【编辑】→【定义图案】命令，将所建选区的图案定义为样本。

❹ 打开 "Sample\ch05\沙漠.jpg" 文件，并创建选区，如图 5.77 所示。

图 5.77 在新图上创建选区

❺ 选择 "图案图章" 工具，选择工具栏上的图案选项，如图 5.78 所示。取消工具栏上的 "对齐" 和 "对象派效果" 选项。

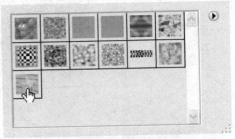

图 5.78 选择 "新图案"

❻ 在矩形选区中来回拖动鼠标，最终绘制出如图 5.79 所示的效果。

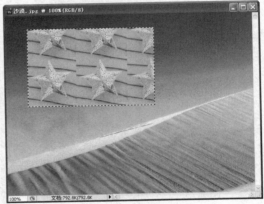

图 5.79 最终效果

| 提 示 |

按下键盘上的 S 键即可选中图章工具组。

5.4　用历史记录工具组恢复图像

历史记录工具组包括 "历史记录画笔" 和 "历史记录艺术画笔" 2 类工具，它们都属于恢复工具，这两个工具都需要配合"历史记录"调板使用。但与历史记录调板相比，历史画笔工具使用起来更方便，而且它们具有画笔的性质。

5.4.1 历史记录画笔工具的使用

历史记录画笔工具的选项栏提供画笔、模式、不透明度和流量等选项。其使用方法和用途与仿制图章工具的相同，这里就不再详细介绍了。如图 5.80 所示。

图 5.80 历史记录画笔工具选项栏

"历史记录画笔"工具 用来记录图像中的每一步操作。其具体的使用方法通过下面的这个实例说明。

❶ 打开 "Sample\ch05\热带风光.jpg" 文件，如图 5.81 所示。

图 5.81 "热带风光.jpg"

❷ 选择【滤镜】→【锐化】→【锐化】命令；再选择【图像】→【调整】→【色阶（L）】命令；最后选择【滤镜】→【风格化】→【查找边缘】命令。如图 5.82 所示。

❸ 单击锐化这一层历史记录左侧的小方块，这时方块内会出现一个历史记录画笔的图标 ，如图 5.83 所示。

图 5.82 执行命令后的效果

图 5.83 历史记录面板

❹ 选择历史记录画笔工具，在工具选项栏中设置各项属性，如图 5.84 所示。然后在图像上绘制，一幅水彩画就出现了，如图 5.85 所示。

图 5.84 设置各项属性

图 5.85 最终效果

5.4.2 历史记录艺术画笔工具的使用

"历史记录艺术画笔"工具 ⿻ 的使用方法与"历史记录画笔"工具 ⿻ 的相类似。历史记录画笔工具能够将局部的图像恢复到指定的某一步操作，而历史记录艺术画笔工具却能将局部的图像按照指定的历史记录状态转化成手绘的效果。历史记录艺术画笔工具的选项栏提供画笔、模式、不透明度、样式、区域、区域和容差等选项。如图 5.86 所示。

图 5.86 历史记录艺术画笔工具选项栏

下面重点介绍样式、区域和容差 3 个选项。

（1）样式：在其下拉列表中有 10 种样式可以选择。这些样式可以改变历史记录艺术画笔的绘画风格。

（2）区域：用来设置绘画覆盖的像素范围。数值越大，画笔覆盖的像素范围也就越大，反之就越小。

（3）容差：用来设置绘画时所应用的像素范围。

│ 提 示 │

按下键盘上的 Y 键，即可选中历史记录工具组。选择较小的画笔可以得到更清晰的图像。

│ 练一练 │

打开"Sample\cho5\热带风光.jpg"文件，如图 5.87 所示，利用仿制图章工具绘制出图 5.88 所示效果。

图 5.87　热带风光

图 5.88　最终效果

5.5　典型实例——绘制水彩画

1. 实例预览

实例效果如图 5.89 和图 5.90 所示。

图 5.89　郁金香

图 5.90　水彩效果

2. 实例说明

主要工具或命令：【仿制图章工具】、【滤镜】、【图像→调整】等。

3. 实例操作步骤

第 1 步: 打开文件。

❶ 选择【文件】→【打开】菜单命令。

❷ 打开"Sample\ch03\郁金香"文件, 如图 5.91 所示。

图 5.91　郁金香

第 2 步: 选择【滤镜】命令。

❶ 选择【滤镜】→【锐化】→【锐化】命令; 再选择【图像】→【调整】→【色阶（L）】命令; 最后选择【滤镜】→【风格化】→【查找边缘】命令。如图 5.92 所示。

❷ 单击"锐化"图层中"历史记录"面板左侧的小方块, 这时方块内会出现一个历史记录画笔的图标 , 如

图 5.92　选择【滤镜】命令

图 5.93 所示。

图 5.93　【历史记录】调板

❸ 选择【历史记录画笔】工具, 在工具选项栏中设置好如图 5.94 所示的各项属性。再在图像上绘制, 一幅水彩画就出现了, 如图 5.95 所示。

图 5.94　历史记录画笔工具选项栏

图 5.95　水彩画效果

4. 实例总结

本实例主要运用了仿制图章、滤镜、图像调整等工具，通过使用历史记录画笔工具绘制出具有水彩效果的图片。

5.6　本讲小结

本讲主要介绍了 Photoshop 的绘画与修饰工具，熟练掌握这些工具的用法，是学好 Photoshop 最关键的一步，因为 Photoshop 对图形图像几乎所有的处理操作都涉及工具的使用。因此，要求读者通过实际操作熟练掌握这些工具。

5.7　思考与练习

1. 选择题

（1）（　　）适合绘制像素画。

　　A. 画笔工具　　　　　　　　　B. 铅笔工具

　　C. 油漆桶工具　　　　　　　　D. 喷枪

（2）指的是（　　）工具。

　　A. 画笔工具　　　　　　　　　B. 铅笔工具

C．涂抹工具 　　　　　　　　　　D．历史记录画笔工具

2．判断题

（1）画笔工具和铅笔工具都属于修复工具。　　　　　　　　　（　　）

（2）在使用图案图章工具时首先要定义图案。　　　　　　　　（　　）

3．上机操作题

运用 Photoshop 绘画工具组中的工具将图 5.96 和图 5.97 所示图像处理为如图 5.98 所示的效果。

图 5.96　花朵　　　　　　　图 5.97　人物　　　　　　　图 5.98　笑容如花

第6讲 绘画与修饰工具（下）

▶ **本讲要点**

- 掌握如何使用修复画笔工具组修复图像
- 了解模糊、锐化和涂抹工具的相关知识
- 掌握渐变工具的使用方法

▶ **快速导读**

本讲主要介绍工具箱中的绘画与修饰工具的使用方法。本讲的重点是修复画笔工具和渐变工具的使用方法，难点是渐变工具的使用方法。

6.1 图 像 修 饰

随着电脑和数码相机的普及，越来越多的人想把自己的照片变成电子格式，永久地保存起来。但由于有些照片会有一些不完美的地方，这就需要在 Photoshop 中做进一步修饰。这一讲中将会详细介绍如何进行图像修饰。

6.1.1 用修复画笔工具组修复图像

修复画笔工具组包括：污点修复画笔工具 、修复画笔工具 、修补工具 和红眼工具 。

1. 污点修复画笔工具

污点修复画笔工具 可以自动从修饰区域的周围取样，并使用图像或图形中的样本像素进行绘画。它能将样本像素的纹理、光照、透明度和阴影与所修复的像素匹配，从而快速去除照片中的污点和瑕疵部分。选择该工具后，在需要修复的图像区域单击并拖动鼠标涂抹即可进行修复。

污点修复画笔工具的选项栏提供画笔、模式、类型和对所有图层取样等选项，如图 6.1 所示。

图 6.1　污点修复画笔工具选项栏

（1）画笔：用来选择画笔的形状。

（2）模式：用来设置修复图像时使用的混合模式。如果选择"替换"，则可以在使用柔边画笔时，保留画笔描边的边缘处的杂色、胶片颗粒和纹理。

（3）类型：用来选择一种修复的方法。选择"近似匹配"，可以使用选区边缘周围的像素来查找要用作选定区域修补的图像区域，如果该选项的修复效果不能令人满意，可还原修复并尝试"创建纹理"选项；选择"创建纹理"，可以使用选区中的所有像素创建一个用于修复该区域的纹理。如果纹理不起作用，可尝试拖动该区域。

（4）对所有图层取样：勾选此项，可以从所有可见图层中对数据进行取样。取消该选项，则只从当前图层中取样。

2. 修复画笔工具

修复画笔工具 和图章工具有许多相似的地方，但图章工具只是一种单纯的复制，而修复画笔能够将样本像素的纹理、光照、透明度和阴影与所修复的像素进行匹配，从而使修复后的图像无人工痕迹。

修复画笔工具的工具选项栏提供画笔、模式、源、对齐和样本等选项，如图 6.2 所示。

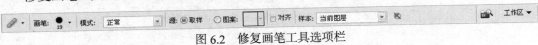

图 6.2　修复画笔工具选项栏

（1）画笔：用来选择画笔的形状。

（2）模式：用来设置修复图像时使用的混合模式。

（3）源：用来指定修复像素的源。选择"取样"选项后，按下 Alt 键，在图像上单击进行取样，然后在所需修复的区域拖动鼠标进行涂抹即可。选择"图案"选项，可以从"图案"下拉列表中选择一种图案，在图像上拖动鼠标进行图案绘制。

（4）对齐：勾选此项，将会对像素进行连续取样。取消该选项，则会在每次停止并重新开始绘制时使用初始取样点中的样本像素。

3. 修补工具

使用修补工具可以用其他区域或图案中的像素来修复选中区域。与修复画笔工具相同，修补工具会对样本像素的纹理、光照、透明度和阴影与所修复的像素进行匹配。

修补工具选项栏提供选取、修补、透明和使用图案等选项，如图 6.3 所示。

图 6.3　修补工具选项栏

（1）选取：单击□按钮，拖动鼠标可以创建一个新选区；单击□按钮，在当前选区上添加新的选区；单击□按钮，可在现有的选区中减去当前绘制的选区；单击□按钮，只保留原来的选区与当前创建的选区相交的部分。

（2）修补：勾选"源"选项，将选区边框拖到想要取样的区域，松开鼠标按键后，原来选中的区域将被使用样本像素进行修补。勾选"目标"，将选区边框拖动到要修补的区域，松开鼠标按键，将使用样本像素修补新选定的区域。

（3）使用图案：当使用修补工具在图像中创建一个选区后，"使用图案"选项被激活，在其下拉调板中选择一个图案后，单击"使用图案"按钮，可以使用图案填充选定的区域。

4. 红眼工具

使用红眼工具可以移去照片中用闪光灯拍摄的人物或动物的红眼。

红眼工具选项栏提供瞳孔大小和变暗量等选项，如图 6.4 所示。

图 6.4　红眼工具选项栏

（1）瞳孔大小：用来设置瞳孔的大小。

（2）变暗量：用来设置校正的暗度。

6.1.2　用模糊、锐化和涂抹工具处理图像

1. 模糊工具

它的工作原理是通过降低像素之间的反差，使图像变得模糊。使用方法非常简单，选择模糊工具后，在图像上单击拖动鼠标即可。如图 6.5 所示。

模糊工具的选项栏提供画笔、模式、强度和对所有图层取样等选项，如图 6.6 所示。

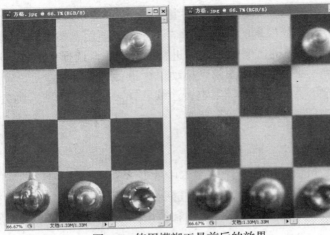

图 6.5　使用模糊工具前后的效果

图 6.6　模糊工具选项栏

（1）画笔：用于选择画笔的形状。

（2）模式：用于设置色彩的混合方式。

（3）强度：用于设置模糊的程度，其数值越大，涂抹的强度就越大。

（4）对所有图层取样：勾选此项，可以使用所有可见图层中的数据并进行处理；取消此项，则只能使用当前图层中的数据。

2．锐化工具 △

与模糊工具相反，它是一种可以让图像色彩变得锐利的工具，主要是通过增强像素间的反差，提高图像色彩的对比度。使用时只需选中锐化工具，在图像中涂抹即可，如图 6.7 和图 6.8 所示。

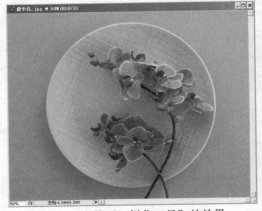

图 6.7　未使用"锐化工具"的效果

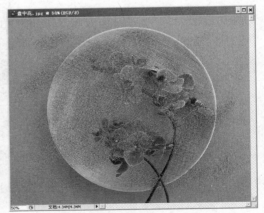

图 6.8　使用"锐化工具"后的效果

锐化工具选项栏与模糊工具的完全相同，就不再介绍了。

3．涂抹工具 ✋

使用时产生的效果好像是干枯的画笔在未干的颜色上擦过，也就是笔触周围的像素将随笔触一起移动。使用方法非常简单，只需选中涂抹工具，在图像上拖动鼠标即可。

涂抹工具的选项栏提供画笔、模式、强度、对所有图层取样和手指绘画等选项，如图 6.9 所示。

图 6.9　涂抹工具选项栏

（1）画笔、模式、强度和对所有图层取样等选项的用法与锐化工具的类似。

（2）手指绘画：勾选此项后，可在每次单击并开始拖动鼠标时利用前景色进行涂抹。如图 6.10 所示。

图 6.10　勾选"手指绘画"选项后的效果

6.1.3　用减淡、加深和海绵工具处理图像

减淡工具和加深工具用于改变图像的亮调与暗调。减淡工具和加深工具的使用方法与涂抹工具的相同，只需选中减淡工具或加深工具在图像上拖动鼠标即可。

减淡工具和加深工具的选项栏类似，提供画笔、范围、曝光度和喷枪等选项，分别如图 6.11 和图 6.12 所示。

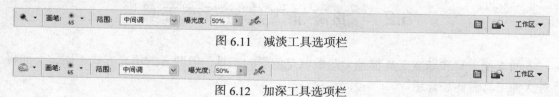

图 6.11　减淡工具选项栏

图 6.12　加深工具选项栏

（1）画笔：用于选择画笔的形状。

（2）范围：下拉列表中包括"阴影"、"中间调"和"高光"选项。选择"阴影"，减淡工具和加深工具只作用于图像的暗调区域；选择"中间调"，减淡工具和加深工具只作用于图像的中间调区域；选择"高光"，减淡工具和加深工具只作用于图像的亮调区域。

（3）曝光度：用于调整图像的曝光强度。

| 提 示 |

在使用减淡工具时，如果同时按下 Alt 键可暂时切换为加深工具。同样在使用加深工具时，如果同时按下 Alt 键则可暂时切换为减淡工具。

海绵工具 ：一种用于调整图像色彩饱和度的工具，可以提高或降低色彩的饱和度。使用时只需选中海绵工具，在图像上拖动鼠标即可。

海绵工具的选项栏提供画笔、模式和流量等选项，如图 6.13 所示。

图 6.13　海绵工具选项栏

（1）画笔：用于选择画笔的形状。

（2）模式：用于调整色彩的饱和度。选择"去色"选项可降低色彩饱和度，选择"加色"选项可提高色彩饱和度。

（3）流量：用于控制画笔划过的流动速度。也就是控制"去色"或"加色"的程度。数值越大"去色"或"加色"的效果就越明显。

| 练一练 |

打开"Sample\ch06\海棠.jpg"文件，如图 6.14 所示。利用海绵工具使图像的色彩更鲜艳，如图 6.15 所示。

图 6.14　海棠

图 6.15　使用海绵工具

6.2　油漆桶工具与渐变工具

油漆桶工具和渐变工具都是为图像填充色彩的工具，但两者的填充方式不同，下面将对 2 种工具做详细介绍。

6.2.1　油漆桶工具的使用

油漆桶工具 用于为与单击处的色彩相近并相连的区域填色或图案。

油漆桶工具选项栏提供填充、图案、模式、不透明度、容差、消除锯齿、连续的和所有图层等选项，如图 6.16 所示。

图 6.16　油漆桶工具选项栏

（1）填充：可以选择前景色或图案填充。

（2）图案：下拉列表中有已经定义过的可供选择的填充图案。

（3）模式：选择填充时的色彩混合方式。

（4）不透明度：调整填充时的不透明度。

（5）容差、消除锯齿、连续的和所有图层选项的使用方法与前面介绍过的相同。

下面介绍油漆桶工具的使用方法。

❶ 选择【文件】→【新建】命令，在弹出的【新建】对话框中进行设置，如图 6.17 所示。新建一个文件，如图 6.18 所示。

图 6.18　新建文件

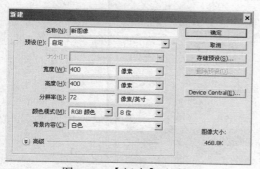

图 6.17　【新建】对话框

❷ 选择【油漆桶工具】，在其选项栏上设定各项参数。如图 6.19 所示。

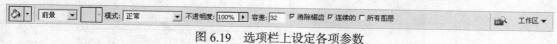

图 6.19　选项栏上设定各项参数

❸ 在工具箱中选择【设置前景色】按钮，在弹出的【拾色器（前景色）】对话框中，设置 RGB 颜色（R、G、B 值各为 0），然后单击 确定 按钮。如图 6.20 所示。

图 6.20　【拾色器（前景色）】对话框

❹ 把鼠标光标移到图像中单击，即可进行填充。如图 6.21 所示。

图 6.21　填充

6.2.2 渐变工具的使用

使用渐变工具  可以创造出许多种渐变效果。

渐变工具的选项栏提供色彩、渐变工具、模式、不透明度、反向、仿色和透明区域等选项，如图 6.22 所示。

图 6.22　渐变工具选项栏

（1）色彩：用于选择和编辑渐变的色彩，它是渐变工具中最重要的部分。双击 按钮会弹出【渐变编辑器】对话框，如图 6.23 所示。

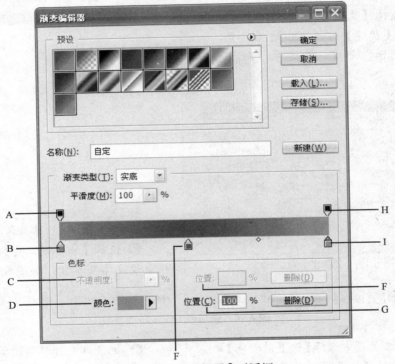

图 6.23　【渐变编辑器】对话框

A. 不透明度起点：渐变色彩不透明度的起始色标。

B. 开始的颜色：渐变的起始颜色。

C. 不透明度：渐变色彩的不透明值。

D. 色彩：设定颜色。

E. 颜色的中点：两种颜色变化的中点。

F. 位置：不透明度的位置。

G. 位置：设定颜色的位置。

H. 不透明度终点：渐变色彩不透明度终点色标。

I. 终点的颜色：渐变终点颜色的色标。

（2）渐变工具：这一选项中包括以 5 种形式。

■ 线性渐变 ■：从起点到终点做线状渐变。

- 　径向渐变 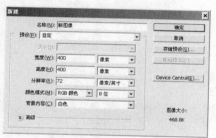：从起点到终点做放射状渐变。
- 　角度渐变 ：从起点到终点做逆时针渐变。
- 　对称渐变 ：从起点到终点做对称直线渐变。
- 　菱形渐变 ：从起点到终点做菱形渐变。

（3）模式：填充时的色彩混合模式。

（4）不透明度：调整渐变时的不透明度。

（5）反向：勾选此项，会掉换渐变色的方向。

（6）仿色：勾选此项，会使渐变出现更平滑的效果。

（7）透明区域：只有勾选此项，不透明度的设定才会有效。

下面结合实例介绍一下渐变工具的使用方法。

❶ 选择【文件】→【新建】命令，在弹出的【新建】对话框中进行设置，如图 6.24 所示。新建一个文件，如图 6.25 所示。

图 6.24　【新建】对话框

图 6.25　新建文件

❷ 选择【渐变工具】 并在工具栏上单击 按钮，弹出【渐变编辑器】对话框，在【预设】方框中选择"橙色、黄色、橙色" 选项，单击 确定 按钮。

❸ 在图像上单击起点，拖曳鼠标再单击终点，这样一个渐变就绘制好了。可以用拖曳线段的长度和方向来控制渐变效果。如图 6.26 和图 6.27 所示。

图 6.26　选择"线性渐变"方式

图 6.27　选择"径向渐变"方式

除了选项栏中提供的几种渐变方式之外，还可以创建新的渐变方式，下面就介绍创建新的渐变方式的具体方法。

❶ 双击 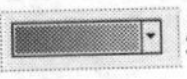  弹出【渐变编辑器】对话框。

❷ 单击 新建(W) 按钮，在【预设】方框最下面出现一个新的方块，可以在新的方块上右键单击，在弹出的快捷菜单上选择"重命名渐变"项并输入名称。

❸ 双击🔲按钮，在弹出的【选择色标颜色】对话框中根据需要选择颜色。如图 6.28 所示。

图 6.28　【选择色标颜色】对话框

❹ 在颜色条上任意位置单击鼠标即可创建一个新的色块。如图 6.29 所示。

图 6.29　创建新的色块

❺ 在颜色条上用鼠标拖动色块即可改变渐变的模式。

❻ 若要删除某个色块，只需用鼠标把色块拖出界面即可。

6.3　典型实例——修复照片

1．实例预览

本实例在处理前后的效果分别如图 6.30 与图 6.31 所示。

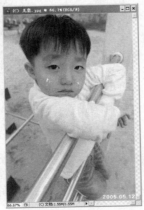

图 6.30　未处理的儿童照片

图 6.31　修复瑕疵后的效果

2. 实例说明

主要工具或命令：【修复画笔工具】、【修补工具】和【放大工具】等。

3. 实例步骤

第 1 步：打开文件。

❶ 选择【文件】→【打开】菜单命令。

❷ 打开 "Sample\ch06\儿童.jpg" 图像，如图 6.32 所示。

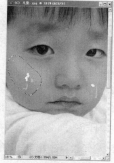

图 6.33　绘制选区

的地方开始单击并拖曳鼠标。如图 6.34 所示。

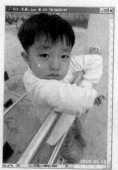

图 6.32　儿童

第 2 步：去除瑕疵。

❶ 选择【缩放工具】🔍，放大图像以便于操作。

❷ 选择【修补工具】◎，在需要修复的位置绘制一个选区，如图 6.33 所示。

第 3 步：继续去除瑕疵。

❶ 选择【修复画笔工具】🖊，然后按下 Alt 键单击复制图像的起点，在需要修饰

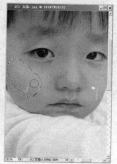

图 6.34　使用修复画笔工具

❷ 用相同的方法继续修复其他瑕疵。根据位置适时的调整画笔的大小，直至修复完毕。

4. 实例总结

本实例主要运用了修复画笔工具、修补工具和放大工具等工具，通过使用缩放与修补工具来去除人物面部的瑕疵，从而达到修补图像的目的。

6.4　本 讲 小 结

绘画与修饰工具是 Photoshop 中最大的一组工具，也是较难掌握的。Photoshop 对图形图像所有的处理操作，几乎都涉及这些工具的使用。因此，通过实际操作熟练掌握这些工

具是非常重要的。

6.5 思考与练习

1. 选择题

（1）（　　）适合绘制像素画。

    A. 画笔工具　　　B. 铅笔工具　　　C. 油漆桶工具　　D. 喷枪

（2）使用（　　）处理图像可以创建手指画效果。

    A. 画笔工具　　　B. 铅笔工具　　　C. 涂抹工具　　　　D. 历史记录画笔工具

2. 判断题

（1）油漆桶工具和渐变工具都是为图像填充色彩的工具。　　　　　　　　　　　（　　）

（2）减淡工具和加深工具的选项栏相同。　　　　　　　　　　　　　　　　　　（　　）

3. 上机操作题

利用修复画笔对图 6.35 进行修复，最终效果如图 6.36 所示。

图 6.35　人物　　　　　　　　　　　　图 6.36　修复后效果

第 **7** 讲 调整图像的色彩

▶ **本讲要点**

- 了解颜色的基础知识
- 了解图像的颜色模式
- 了解并掌握基本的调整命令
- 了解并掌握特殊的调整命令

▶ **快速导读**

　　本讲主要介绍 Photoshop 的一些简单而实用的图像变换功能和色彩处理功能。对图像的色彩处理是 Photoshop 的强项。本讲的重点是基本的调整命令的使用方法；难点是如何运用这些调整命令对图像进行调整。Photoshop 提供了 10 多种色彩调整方式，通过综合运用这些调整方式，可以自由地调整图像的颜色，制作出绚丽多彩的图片。

7.1 图像的色彩模式

7.1.1 常用色彩模式简介

颜色模式决定了用来显示和打印所处理图像的颜色方法。一般我们看到的显示器颜色是由光的三原色构成的 RGB 模式，而除了 RGB（红、绿、蓝）模式外，较为常用的颜色模式还有 CMYK（青、品红、黄和黑）模式、Lab 模式、位图模式和索引模式等。要查看或修改图像的颜色模式，可以选择【图像】→【模式】下拉菜单中的命令，命令前带有"√"号的为当前文件的颜色模式，如图 7.1 所示。

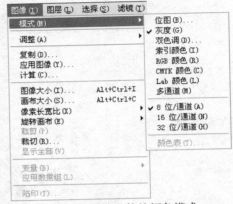

图 7.1　当前文件的颜色模式

1. 位图模式

位图模式的图像只显示黑、白两种颜色。这种模式的图像文件占用的磁盘空间较小，适用于由黑白两色构成没有灰色阴影的图像。只有灰度模式和双色调模式的图像可以转换为位图模式。因此，首先应将其他模式的图像转换为灰度模式，然后才能转换为位图模式。

2. 灰度模式

灰度模式的图像只有灰度信息而没有彩色信息。颜色容量为 8 位，每个像素可以分配从 0～255 共 256 种不同灰度级别。0 表示灰度最弱的黑色，255 表示灰度最强的白色，其他值是黑白中间过渡的灰色。灰度模式可以与 HSB 模式、RGB 模式、CMYK 等模式相加转换，但由于彩色的图像转换为灰度模式后，色彩信息都将被删除，因此灰度模式下图像的表现力远远不及彩色图像。

3. 双色调模式

双色调模式可以弥补灰度图像的不足。因为灰度图像虽然拥有 256 种灰度级别，但是在印刷输出时，印刷机的油墨最多只能表现出 50 种左右的灰度。这意味着如果只用一种黑色油墨打印灰度图像，图像将非常粗糙。双色调模式的面板"双色调选项"如图 7.2 所示。

（1）类型：在其下拉列表中可以选择一种套印形式，有"单色调"、"双色调"、"三色调"和"四色调"。如图 7.3 所示。

（2）油墨：选择了套印类型后，即可在各色通道中用曲线工具调节套印效果。

4. 索引模式

与灰度模式基本相似，索引颜色模式可生成最多 256 种颜色的 8 位图像文件。但是与灰度模式不同，它的图像可以是彩色的。当图像转换为索引模式时，Photoshop 将构建一个

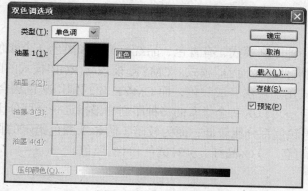

图 7.2　双色调对话框

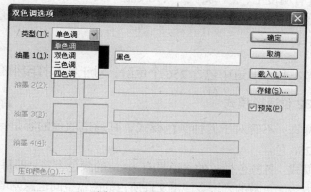

图 7.3　类型下拉列表

颜色查找表（CLUT），用以存放索引图像中的颜色。如果原图像中的某种颜色没有出现在该表中，则程序将选取最接近的一种，或使用仿色（以现有颜色来模拟该颜色），尽管索引模式的调色板很有限，但索引颜色能够在保持多媒体演示文稿、Web 页等所需的视觉品质的同时，减少文件所占用的磁盘空间。其相关面板"索引颜色"如图 7.4 所示。

（1）调板：选择在转换为索引色模式时使用的调板。还可以设置"强制"选项，把某些颜色强制添加到颜色表中，若选择黑色，可以把纯黑和纯白强制添加到颜色列表中。

（2）选项：在"杂边"列表框中选择一种颜色，用来填充透明区域或透明区域的边缘，在"仿色"列表框中选择颜色像素混合方式。

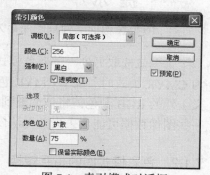

图 7.4　索引模式对话框

5．RGB 模式

RGB 模式是利用红色、绿色和蓝色 3 种基本颜色进行颜色加法（亦称加色法），在屏幕上重现颜色的。Photoshop 中 RGB 颜色模式使用 RGB 模型，并为每个像索分配一个强度值。在 8 位/通道的图像中，这 3 种基本色中的每一种都有一个 0～255 的范围。在彩色图像中，当每个 RGB（红色、绿色、蓝色）分量的强度值都为 0 时，颜色是纯黑色；当每个 RGB 分量的强度值都为 255 时，颜色是纯白色。当 3 个分量的强度值相等时，颜色是中性灰。

6. CMYK 模式

CMYK 模式是一种印刷模式，有青色、品红、黄色和黑色 4 个颜色通道。在制作要用印刷色打印的图像时要使用 CMYK 模式。CMYK 模式与 RGB 模式的区别在于色彩产生的原理不同，RGB 模式用加色法合成颜色，而 CMYK 模式则用减色法合成颜色。

在 CMYK 模式下，可以为每个像素的每种印刷油墨指定一个百分比值。为最亮（高光）颜色指定的印刷油墨颜色百分比较低；而为较暗（阴影）颜色指定的百分比较高。例如，亮红色可能包含 2%青色、93%品红、90%黄色和 0%黑色。

7. Lab 模式

Lab 颜色模式具有明度 L、a（绿～红）、b（蓝～黄）共 3 个通道。其中，明度通道表现了图像的明暗度，其范围是 0～100；a 通道和 b 通道是 2 个专色通道。

8. 多通道模式

多通道模式图像在每个通道中包含 256 个色阶，对于特殊打印很有用。

9. 8 位/16 位/32 位通道模式

（1）8 位通道模式：不管对于何种颜色模式，其通道颜色的容量最大都为 8 位，每个通道颜色数最多为 256 色。

（2）16 位通道模式：各颜色模式的通道具有 16 位的颜色容量，即每个通道的颜色数最多可以达到 2 的 16 次方。颜色数的剧增会使得文件所占的磁盘空间也急剧增加，这也是其缺点。

（3）32 位通道模式：通道颜色的容量最大为 32 位，表现出来图像的色调比 8 位、16 位的图像更细致。但文件也更大，操作速度也慢。

| 提 示 |

16 位图像的文件只能保存为 PSD、RAW 和 TIF 格式。

为图像选取另外一种颜色模式，就永久更改了图像中的颜色值，例如将 RGB 图像转为 CMYK 模式时，位于 CMYK 色域（由"颜色设置"对话框中的 CMYK 工作空间设置定义）外的 RGB 颜色值将被调整到色域之内，而将图像从 CMYK 模式转换成 RGB 模式后，一些图像数据可能会丢失并无法恢复。

7.1.2 色彩模式间的相互转换

Photoshop 在处理图像时，常常要在不同的模式之间转换。比如为了打印输出，要将图像转换为 CMYK 模式；要使用滤镜，则要将图像转换为 RGB 模式等。将一种模式转换成另一种模式，大致的过程是相同的。颜色模式之间的转换不是任意的，例如要将图像转换为位图颜色模式，先要转换为灰度颜色模式。转换颜色模式的步骤如下。

❶ 打开需要转换模式的图像。

❷ 选择【图像】→【模式】的命令，弹出子菜单。如图 7.5 所示。

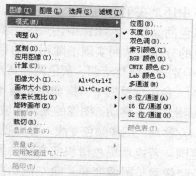

图 7.5 当前文件的颜色模式为"灰度"

❸ 在颜色模式子菜单中，图像模式表示当前颜色模式，呈灰色显示的是不可选的模式。

❹ 在菜单中单击需要转换的模式即可。如图 7.6 所示。

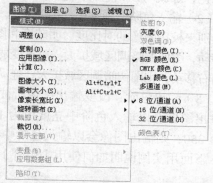

图 7.6 当前文件的颜色模式为"RGB 颜色"

7.2 图 像 色 调

7.2.1 自动色阶

在 Photoshop 中有一套完整的调整工具可用于调整图像色调，如图 7.7 所示。这里主要介绍调整色阶的工具。

1.【色阶】命令

通过调整图像的暗调、灰调和高光的亮度级别来校正图像的色调范围和颜色平衡。选择【图像】→【调整】→【色阶】命令，可以打开【色阶】对话框，如图 7.8 所示。

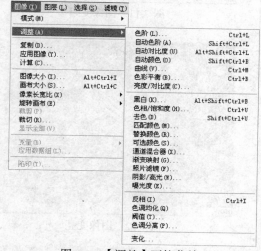

图 7.7 【调整】下拉菜单

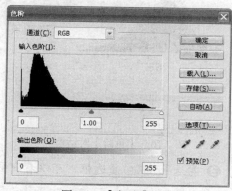

图 7.8 【色阶】对话框

（1）通道：可以选择是在整个颜色范围（RGB）中还是在单独的颜色通道（红、绿、蓝）中调整图像的影调和色调，这主要取决于图像颜色的品质。若图像中污点的主要成分是红色，那就可以只选择红色通道来调整图像中红色的分布，从而实现消除污迹的目的。

（2）输入色阶：拖动黑、白、灰 3 个色阶滑块，分别通过调整暗调、灰色调和高光的亮度级别来校正图像的对比度、明暗度和图像层次。在输入色阶预览框中，拖动左侧滑块向右移动，图像的暗调区域扩大，对比变弱；拖动中间滑块向左移动，图像的亮调区域扩大，若向右移动，则图像暗调区域扩大；拖动右侧滑块向左移动，图像颜色变浅，对比变弱。

（3）输出色阶：改变输出图像所被映射的亮度范围。若拖动黑色滑块向右移动到 10，则输出图像会以输入色阶中亮度值为 10 的像素为最暗像素，图像变亮；向左拖动白色滑块至 250，则输出图像会以输入色阶中亮度值为 250 的像素为最亮像素，图像变暗。

下面用实例说明如何使用【色阶】命令。

❶ 打开 "Sample\ch07\孔雀.jpg" 文件。如图 7.9 所示。

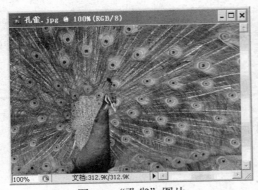

图 7.9　"孔雀" 图片

❷ 选择【图像】→【调整】→【色阶】命令，弹出【色阶】对话框。如图 7.10 所示。

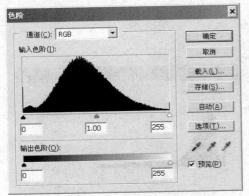

图 7.10　【色阶】对话框

❸ 勾选☑预览(P)复选框，可以看到图像的变化。

❹ 拖动左侧的滑块向右，图像将变暗；拖动右侧的滑块向左，图像将变亮。单击 确定 按钮，完成调整。如图 7.11、图 7.12 所示。

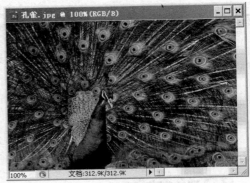

图 7.11　图像变暗

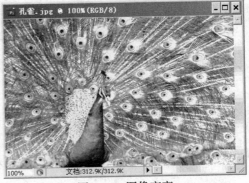

图 7.12　图像变亮

2.【自动色阶】命令

可以自动调整图像中的影调和色偏。在校正过程中，能自动找出每个通道中最亮和最暗的像素，映射为纯白（色阶为 255）和纯黑（色阶为 0），中间像素值则按比例重新分布。使用"自动色阶"可以增强图像的对比度，如图 7.13 所示。

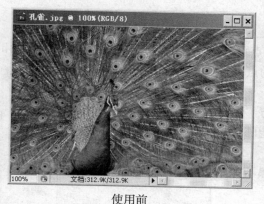

使用前   使用后

图 7.13 使用【自动色阶】命令

7.2.2 调整曲线

在 Photoshop 中，【曲线】和【色阶】都是非常重要的调整命令，都可用于调整图像的整个色调范围。但"色阶"对话框仅包含 3 种调整（白场、黑场和灰度系数），而"曲线"命令是通过控制曲线的形状来为像素映射新的亮度值。选择【图像】→【调整】→【色阶】命令，可以打开【曲线】对话框。如图 7.14 所示。

（1）预设：单击此选项右侧的▽按钮，可以弹出一个下拉列表，如图 7.15 所示。选择"无"选项，可通过拖动曲线来调整图像。选择其他选项时，可使用系统预设的调整设置。

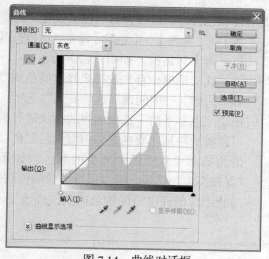

图 7.14 曲线对话框

图 7.15 预设选项下拉列表

（2）通道：在此选项的下拉列表中可以选择需要调整的颜色通道。

（3）通过添加点来调整曲线 ～：按下此按钮后，在曲线中单击可添加新的控制点，拖动控制点改变曲线的形状。默认情况下，将曲线向上移动可以使图像变亮，将曲线向下移动可以使图像变暗。

（4）使用铅笔绘制曲线 ✎：按下此按钮后，可在对话框内绘制任意形状的曲线。如果要对曲线进行平滑处理，可单击"平滑"按钮。如果单击 ～ 按钮，则可在曲线上显示控制点。

（5）输入色阶：显示调整前的像素值。

（6）输出色阶：显示调整后的像素值。

（7）高光/中间调/阴影：移动曲线顶部的点可调整图像的高光区域；移动曲线中间的点可以调整图像的中间区域；移动曲线底部的点可以调整图像的阴影区域。如图 7.16 所示。

（8）黑场/灰场/白场吸管：这几个工具与"色阶"对话框中吸管工具的功能相同。这个功能已添加在前面的"色阶"对话框中了。

（9）显示修剪：勾选此选项，可在调整黑场和白场时预览修剪。

（10）自动：单击 自动(A) 按钮，弹出"自动颜色校正选项"对话框。在此对话框中可对图像应用"自动颜色"、"自动对比度"或"自动色阶"校正。具体的校正内容取决于"自动颜色校正选项"对话框中设置的选项。

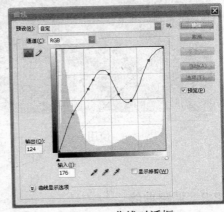

图 7.16　曲线对话框

（11）选项：单击 选项(T)... 按钮，可以弹出"自动颜色校正选项"对话框。可以对图像应用"自动颜色"、"自动对比度"或"自动色阶"校正。具体校正内容取决于"自动颜色校正选项"对话框中设置的选项。

7.2.3　调整色彩平衡

利用【色彩平衡】命令可以修改图像的总体颜色混合，进行普通的色彩校正。选择【图像】→【调整】→【色阶】命令，可以打开【色彩平衡】对话框。如图 7.17 所示。

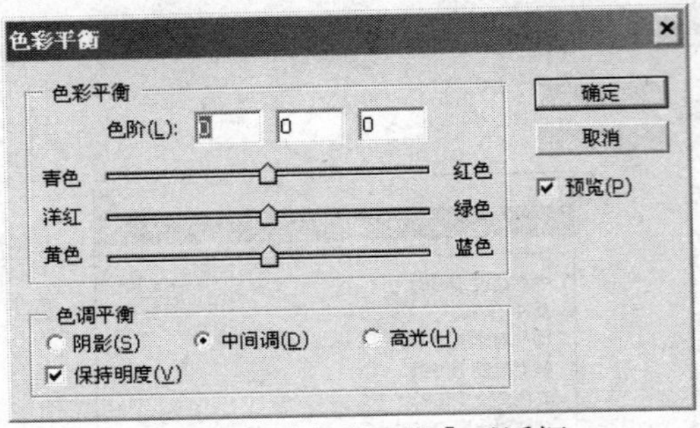

图 7.17　【色彩平衡】对话框

在对话框中首先选择要修改的色调范围，有"阴影"、"中间调"或"高光"选项，然后拖动"色彩平衡"选项组内的滑块进行调整。可以将滑块拖向要在图像中增加的颜色；或将滑块拖离要在图像中减少的颜色。如果选择"保持亮度"选项，可以保持图像的色调平衡，防止图像的亮度值随颜色的更改而改变。

7.2.4　调整亮度和对比度

使用【亮度/对比度】命令可以整体调节图像的亮度和对比度。选择【图像】→【调整】→【亮度/对比度】命令，可打开【亮度/对比度】对话框，如图 7.18 所示。将亮度滑块向右移动会增加色调值并扩展图像高光，而将亮度滑块向左移动会减少色调值并扩展阴影。利用对比度滑块可扩展或收缩图像中色调值的总体范围。如图 7.18 所示。

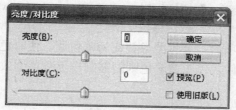

图 7.18　亮度/对比度对话框

7.3　调整图像色彩

利用"色相/饱和度"、"替换颜色"、"去色"、"通道混合器"和"渐变映射"等命令可以调整图像的色彩。

7.3.1　调整色相/饱和度

利用【色相/饱和度】命令可以调整全图或某个单色通道的颜色属性，包括色相、饱和度和亮度。选择【图像】→【调整】→【色阶】命令，打开【色相/饱和度】对话框，如图 7.19 所示。

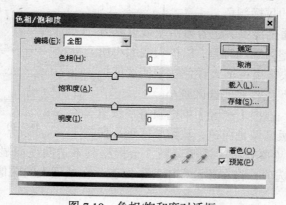

图 7.19　色相/饱和度对话框

（1）编辑：在此选项下拉列表可以选择要调整的色彩范围。选择"全图"，表示调整所有的颜色，选择"红色""黄色""绿色"等选项则可单独调整所选的颜色。

（2）色相：通过拖动滑块或输入数值来调整图像的色相。

（3）饱和度：向右拖动滑块可以减少图像色彩的饱和度，向左拖动则可增加图像色彩的饱和度。

（4）明度：向右拖动滑块可以降低图像的明度，向左拖动则可增加图像的明度。

（5）吸管工具组：使用吸管工具 ![pic] 在图像中单击可选择颜色；使用添加到取样工具 ![pic] 在图像中单击，可在原有调整的色彩范围内增加色彩范围；使用从取样中减去工

具 🖊 在图像中单击，可在原有调整的色彩范围内减少色彩范围。

| 说 明 |

吸管工具组在"编辑"选项设置为"全图"时处于灰色不可用状态。

（6）着色：勾选此选项后，可将图像转变为单色调。使彩色图像着色后，可将彩色图像变为单一颜色的图像；使灰色图像着色则能够制作出双色调效果。

7.3.2 替换颜色

【替换颜色】命令是利用对话框中的吸管工具或颜色拾取器来指定图像中的特定颜色，然后通过调节该特定颜色的色相、饱和度和亮度来实现替换图像中特定颜色的目的。选择【图像】→【调整】→【色阶】命令，打开【替换颜色】对话框，如图 7.20 所示。

（1）吸管工具组：使用吸管工具 🖊，在图像上单击可以选择由蒙版显示的区域；使用添加到取样工具 🖊 在图像中单击，可将颜色添加到选区；使用从取样中减去工具 🖊 在图像中单击，可以将颜色从选区中排除。

（2）颜色：双击颜色框，可以在打开的"拾色器"对话框中设置要替换的目标颜色。

（3）颜色容差：通过拖曳颜色容差滑块或在其方框中输入数值可以调整蒙版的容差，以扩大或缩小所选颜色区域。向右滑块拖曳将增大颜色容差使选区扩大，向左拖曳将减小颜色容差使选区减小。

（4）选区、图像：选中【选区】单选项将在预览框中显示蒙版。未蒙版区域是白色，被蒙版区域是黑色，部分被蒙版区域（覆盖有半透明蒙版）会根据其不透明度而显示不同亮度级别的灰色。选中【图像】单选项，将在预览框中显示图像。在处理大的图像或屏幕空间有限时，该选项非常有用。

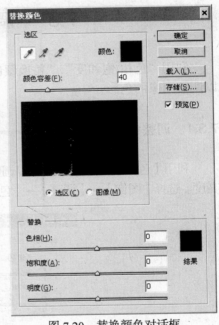

图 7.20 替换颜色对话框

（5）"替换"选项组：通过拖曳【色相】、【饱和度】和【明度】等滑块可以变换图像中所选区域的颜色属性，调节的方法和效果与应用【色相/饱和度】对话框的一样。

7.3.3 去除色彩

选择【去色】命令可以将图像的颜色去掉，变成相同颜色模式下的灰度图像，每个像素仅保留原有的明暗度。例如给 RGB 图像中的每个像素指定相等的红色、绿色和蓝色值，会使图像表现为灰度图像。此命令与在【色相/饱和度】对话框中将【饱和度】调整为−100 的作用是相同的。

练一练

打开"Sample\ch07\瓶花.jpg"文件，利用【替换颜色】命令进行处理，如图 7.21 所示效果。

图 7.21　瓶花

7.3.4　调整颜色通道

【通道混合器】命令是通过控制当前各颜色通道的成分来改变某一颜色通道的输出颜色的。选择【图像】→【调整】→【通道混合器】命令，打开【通道混合器】对话框，如图 7.22 所示。

（1）预设：可以在此选项的下拉列表中选择使用预设的通道混合器。

（2）输出通道：选择要调整哪种单色通道的颜色输出。

（3）"源通道"选项组：向右或向左拖曳滑块可以增大或减小该通道颜色对输出通道的贡献。在方框中输入一个−200～+200 的数也能起到相同的作用，如果输入负值，则是先将原通道反相，再混合到输出通道上。

（4）常数：用来调整输出通道的灰度

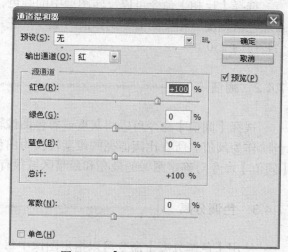

图 7.22　【通道混合器】对话框

值，为负值时将增加更多的黑色，为正值时将增加更多的白色。−200%值使输出通道为全黑，-200%值使输出通道为全白。

（5）单色：可保留各通道的亮度信息，选择此选项，可以创建仅包含灰度值的彩色图像。

7.3.5 渐变映射

【渐变映射】命令可以把一组渐变色的色阶映射到图像上，从而改变图像的暗调、灰色调和高光的分布。选择【图像】→【调整】→【渐变映射】命令，打开【渐变映射】对话框，如图 7.23 所示。

（1）"灰度映射所用的渐变"下拉列表：从列表中选择一种渐变类型，默认情况下，图像的暗调、中间调和高光分别映射到渐变填充的起始（左端）颜色、中间点和结束（右端）颜色。

（2）"仿色"复选项：通过添加随机杂色，可使渐变映射效果的过渡显得更为平滑。

图 7.23　【渐变映射】对话框

（3）"反向"复选项：颠倒渐变填充方向，以形成反向映射的效果。

7.4　特殊图像颜色的调整

7.4.1 反相

选择【反相】命令可以反转图像中的颜色，通道中每个像素的亮度值都会转换为 256 级颜色值刻度上相反的值。例如值为 255 的正片图像中的像素会转换为 0，值为 5 的像素会转换为 250。

7.4.2 阈值

选择【阈值】命令可以将灰度或彩色图像转换为高对比度的黑白图像，可以指定某个色阶作为阈值。所有比阈值亮的像素转换为白色，而所有比阈值暗的像素则转换为黑色。【阈值】命令对确定图像的最亮和最暗区域很有用。

7.4.3 色调分离

使用【色调分离】命令可以指定图像中每个颜色通道的色调级（或亮度值）的数目，然后将像素映射为最接近的一种色调。例如，在 RGB 图像中选取 2 个色调级，将产生 6 种颜色，2 种亮度的红色、2 种亮度的绿色和 2 种亮度的蓝色。

选择【图像】→【调整】→【色调分离】命令，打开【色调分离】对话框，如图 7.24 所示。

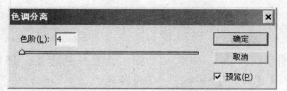

图 7.24　【色调分离】对话框

7.4.4　其他调整命令

下面简要介绍其他图像调整命令。

【变化】命令，它通过显示替代图像的缩略图，使用户直观地调整图像的色彩平衡、对比度和色彩饱和度。

【曝光】命令，通过模仿在相机的镜头前添加彩色滤镜，来调整通过镜头传输的光的色彩平衡和色温，或者使胶片曝光。

【匹配颜色】命令，可以将一个图像的颜色与另一个图像的颜色相匹配。另外，还可以匹配多个图层或多个选区之间的颜色。此命令仅适用于 RGB 模式的图像。

【黑白】命令，可以将彩色图像转换为灰度图像，同时保持对各颜色的转换方式的完全控制。也可以通过对图像应用色调来为灰度着色，例如创建棕褐色效果。

7.5　典型实例——更换图片背景

1. 实例预览

本实例的原始效果与处理后的效果如图 7.25 所示。

处理前　　　　　　　　　　　　　　　　处理后

图 7.25　处理前后的效果对比

2. 实例说明

主要工具或命令：【替换颜色】命令等。

3. 实例步骤

第 1 步: 打开文件。

❶ 选择【文件】→【打开】命令。

❷ 打开 "Sample\ch07\海滨.jpg" 文件。如图 7.25 的左图所示。

第 2 步: 调整背景颜色。

❶ 选择【图像】→【调整】→【替换颜色】命令, 弹出【替换颜色】对话框, 设置颜色容差: 151。使用吸管工具吸取背景的颜色。

❷ 在【替换】选项中设置色相+93, 饱和度+45, 明度-9。单击 确定 按钮。如图 7.26 所示。

第 3 步: 调整椰树的颜色。

❶ 选择【图像】→【调整】→【替换颜色】命令, 弹出【替换颜色】对话框, 设置颜色容差: 151。使用吸管吸取椰树的颜色。

图 7.26 替换背景颜色

❷ 在【替换】选项中设置色相-80, 饱和度-30, 明度-70。

❸ 单击 确定 按钮, 完成图像的调整。

4. 实例总结

本实例主要运用替换命令, 通过设置颜色容差、色相、饱和度与明度等属性或数值, 完成图像色彩的调整效果。

7.6　本 讲 小 结

本讲主要介绍了一些简单而实用的图像变换功能和色彩处理功能。Photoshop 中的图像调整命令是非常强大的, 可以修复许多有缺陷的图像, 使之符合工作要求或审美情趣。

7.7　思考与练习

1. 选择题

（1）包含颜色数量最多的是（　　）色彩模式。

　　A. RGB　　　　　B. CMYK　　　　C. HSB　　　　D. Lab

（2）HSB 是指（　　）颜色模式。

　　A. 红、绿、蓝　　　　　　　　B. 色彩、饱和度、亮度

　　C. 明度、饱和度、亮度　　　　D. 灰度

2．判断题

（1）在将图像转换为 CMYK 模式后会失去图像原有的鲜艳度，可以通过"色阶"命令恢复鲜艳度。　　　　　　　　　　　　　　　　　　　　　　　　　　　　　　（　　　）

（2）位图模式的图像只显示黑、白 2 种颜色。　　　　　　　　　　　　　　（　　　）

3．上机操作题

打开"Sample\ch07\衣物.jpg"文件，利用【反相】命令制作出如图 7.27 所示效果。

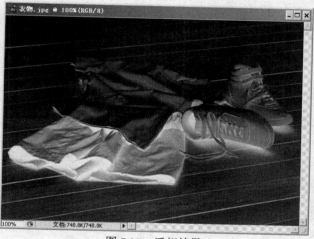

图 7.27　反相效果

第 **8** 讲　图层的初级应用

▶ **本讲要点**

- 掌握图层的基本特性
- 了解图层调板的一些操作
- 掌握图层的基本操作
- 掌握图层组的使用

▶ **快速导读**

　　本讲介绍了图层的基本特性、图层的基本操作、图层调板的操作和图层组的使用等基础知识。本讲重点是图层的基本操作、图层编辑、图层组的使用；难点是图层调板操作和图层的基本操作。通过本讲学习，可了解在处理图像时图层的重要性，并掌握图层的使用方法，从而能更有效地编辑和处理图像。

8.1　图层简介

图层是人们运用 Photoshop 图像处理时使用最多的功能之一，它是 Photoshop 的基石与核心，对于图形或图像的任何操作与处理都是基于图层的。使用图层可以非常方便地管理和处理图像，还可以创建各种特效。

8.1.1　图层的概念

Photoshop 的图层就如同透明纸，图像不同部分被分别放在不同的图层（透明纸）上，通过图层的透明区域可以看到下面图层内容。如图 8.1 所示。

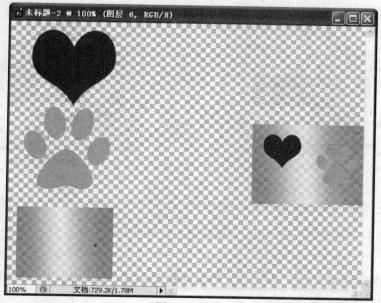

图 8.1　图层

8.1.2　图层的基本特性

Photoshop 中的图层具有以下基本特性。

■　编辑特性：使用绘画工具如画笔工具、涂抹工具、加深和减淡等工具时，只能编辑当前选定的一个图层，而滤镜也只能用在当前图层上。在进行移动、缩放和旋转等变换操作时，则可以同时对所选定的图层进行处理。

■　透明度与混合特性：图层是堆叠在一起的，透过上面图层的透明部分可以看到下面图层的内容。通过【图层】调板输入框中的数值可以控制当前图层的不透明度，数值越小则当前图层越透明。

■　共同属性：同一图像中的所有图层都具有相同分辨率、相同的通道数量和同一图像模式（RGB、CMYK 或其他颜色模式）。

8.2 【图层】调板

通常在进行图像处理时，【图层】调板必须打开，这样可以方便观察当前操作是针对哪一个图层。选择【窗口】→【图层】命令，或者按下 F7 键，可以打开【图层】调板，如图 8.2 所示。【图层】调板中列出了图像中所有图层、图层组和图层效果。可以使用【图层】调板来显示和隐藏图层、创建新图层以及处理新图层。

下面介绍图层调板中主要选项的作用。

- 图层名称：显示各图层的名称，一般显示在缩览图的右边。如果需要修改图层的名称，则在图层名称处双击鼠标，则可在反白显示的图层名称处输入新的名称，如图 8.3 所示。或者选取【图层】→【图层属性】命令，然后在弹出的图层属性对话框中修改图层的名称即可。

图 8.2 图层调板

图 8.3 修改图层名称

| 注 意 |

此命令只对普通图层起作用，对于锁定的背景层不起作用。

- 设置图层的混合模式 正常 ：用来设置当前图层的图像与其下面图层图像的混合模式，从而创建图像的混合效果。
- 不透明度：通过在输入框中输入数值可以控制当前图层的不透明度，数值越小则当前图层越透明。
- 锁定：决定锁定图层的方式，有锁定透明像素、锁定图像像素、锁定位置和锁定全部 4 种方式。这些方式只对普通层起作用，对背景层无效。这些将在后面详细介绍。
- 填充：它与图层不透明度相似，也是用来设置图层不透明度的选项。只是它是对当前图层起作用，而不透明度是在混合图层时起作用。
- 图层缩览图 ：用于显示本图层的缩略图，它随着图层中图像的变化而及时更新。

| 说 明 |

图层缩略图的大小是可以调整的，单击右上角的方向按钮 ，在弹出的下拉列表中选择"调板选项"命令，可打开"图层调板选项"对话框，从"缩览图大小"选项中选择合适的显示范围即可。

"图层调板选项"对话框中有一项"缩览图内容"的选择项,选择"整个文档"可以用来显示整个文档的内容;选择"图层边界"则可将缩览图限制为只显示该图层上的对象。

■ 指示图层的可见性 👁 :用来显示或隐藏图层,显示此图标的图层为可见图层,没有此图标的图层为隐藏图层。

■ 链接图层 🔗 :单击此按钮,可以链接选定的多个图层。

■ 添加图层样式 _fx._ :单击此按钮,弹出如图 8.4 所示的菜单。通过该菜单可以为当前图层添加图层样式。

■ 添加图层蒙版 ▣ :单击此按钮,可以为当前图层添加图层蒙版,当前图层后面就会显示蒙版图标。对于背景图层则不能创建蒙版。

■ 创建新的填充或者调整图层 ◑ :单击此按钮,在弹出的下拉列表中可以选择一个填充图层或者填充图层命令来创建新的填充图层或调整图层。

■ 创建新组 ▢ :单击此按钮,可以新建一个图层组。

■ 创建新图层 ▢ :单击此按钮,可以新建一个图层。

■ 删除图层 🗑 :单击此图层,可以删除当前选定的图层或图层组。

混合选项...
投影...
内阴影...
外发光...
内发光...
斜面和浮雕...
光泽...
颜色叠加...
渐变叠加...
图案叠加...
描边...

图 8.4 添加图层样式

8.3 图层类型

在 Photoshop 中可以创建不同类型的图层,这些图层都有各自的功能和特点,大致可以将图层分为背景图层、普通图层、文字图层、形状图层、调整图层、填充图层和蒙版图层 7 种。

8.3.1 背景图层

在 Photoshop 中新建文件时,如果【背景内容】选择白色或背景色,在新建的文件中就会自动创建一个背景图层,并且该图层还有一个锁定的标志 🔒 ,如图 8.5 所示。

图 8.5 背景图层

在背景图层中,不能进行一些对应于普通图层的操作,如修改画面不透明度(图层调板上的 不透明度:100% 为灰色)等,如果要对背景图层进行这些操作,则必须先将其转换为普通图层,方法如下。

❶ 在图层调板上双击 ，弹出如图 8.6 所示对话框。

图 8.6　对话框

❷ 设置好各参数后单击 确定 按钮，

背景就转换成为一个图层，图层调板如图 8.7 所示。

图 8.7　图层调板

8.3.2　普通图层

普通图层是最常用的图层之一，是没有添加样式或者进行其他特别设置的图层。要对图层进行操作及在图层上对图像进行处理，首先要建立图层。选择【图层】→【新建】→【图层】命令，建立普通图层，如图 8.8 所示。

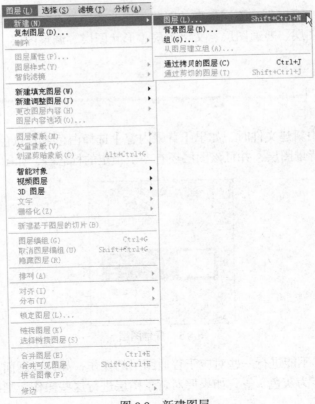

图 8.8　新建图层

8.3.3　文字图层

　　文字图层是一种特殊的图层，是在图像中输入文字时生成的图层，用于存放文字信息。文字图层的创建方法是在工具栏中单击 T 工具，选择横排文字工具，文字工具的属性设置如图 8.9 所示。在图像中任意单击，在它在图层调板中会自动生成一个图层，如图 8.10 所示。缩览图显示为一个"T"状标志。然后在图像上输入"文字"，如图 8.11 所示。文字图层不能应用色彩调整命令和滤镜，也不能使用绘画工具进行编辑。如果要处理，可以在菜单栏中选择【图层】→【栅格化】→【文字】命令，将文字图层栅格化。

图 8.9　文字属性栏

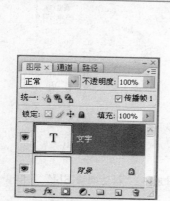

图 8.10　图层面板

图 8.11　文字

8.3.4　形状图层

　　形状图层一般是使用工具箱中的形状工具（【矩形工具】▭、【圆角矩形】工具 ▢、【椭圆】工具 ⬭、【多边形】工具 ⬠、【直线】工具 ╲、【自定形状】工具 ▨ 或【钢笔】工具 ✎）绘制图形后而自动创建的图层。形状图层包含定义形状颜色的填充图层和定义形状轮廓的链接矢量蒙版，适合于创建 Web 图形。

> **注　意**
>
> 　　要创建形状图层，一定要先在选项栏中选择【形状图层】按钮▣。关于形状工具组的使用方法会在后面的章节中详细讲解。

8.3.5　调整图层

　　调整图层可将颜色或色调调整应用于图像，而不会永久更改像素值。单击【图层】调板底部的"创建新的填充或调整图层"按钮 ◐，可以打开一个下拉列表，列表中包含了十几种调整图层命令，如图 8.12 所示。也可以在菜单栏上选择【图层】→【新建调整图层】下拉菜单中的命令来新建调整图层，如图 8.13 所示。

图 8.12 "新建调整图层"调板

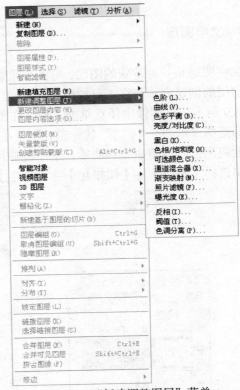

图 8.13 "新建调整图层"菜单

8.3.6 填充图层

填充图层是向图层中填充纯色、渐变和图案的特殊图层。与调整图层一样，填充图层建立在当前图层中，所以在新建填充层前，应选好当前层。

单击图层调板底部的创建"新的填充或调整图层"按钮 ，可以打开下拉列表，该列表中提供 3 种填充图层命令，如图 8.14 所示。也可以在菜单栏中选择【图层】→

图 8.14 新建填充图层调板

【新建填充图层】下拉菜单中的命令，如图 8.15 所示。选择一个命令之后，即可在当前选定的图层上创建相应的填充图层。

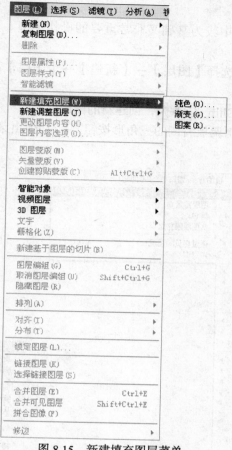

图 8.15　新建填充图层菜单

8.3.7　蒙版图层

使用蒙版可以显示或者隐藏图层的部分图像，也可以保护区域以免被破坏。可以创建两种类型的蒙版。

■　图层蒙版。此蒙版是与分辨率有关的位图图像，它是由绘画或者选择工具创建的。单击【图层】调板下方的【添加图层蒙版】按钮 ![btn]，或者选择【图层】→【图层蒙版】命令，在子菜单中选择合适的命令项，即可创建图层蒙版。

■　矢量蒙版。此蒙版与分辨率无关，是由钢笔或者形状工具创建的。选择【图层】→【矢量蒙版】命令，在子菜单中选择合适的命令项，即可创建矢量蒙版。

8.4　【图层】编辑

图层的编辑包括图层的建立、选择、移动、复制、重命名、删除和锁定等。

8.4.1　新建图层

新建图层是图层操作中较为基础又非常重要的操作类型。可以通过以下方法创建新的图层。

方法 1：在菜单栏中选择【图层】→【新建】→【图层】命令，创建新的图层，如图 8.16 所示。

方法 2：使用快捷键 Shift+Ctrl+N，创建新的图层。

方法 3：单击图层控制调板右侧的三角形按钮，在弹出菜单中选择【新建图层】命令，如图 8.17 所示。

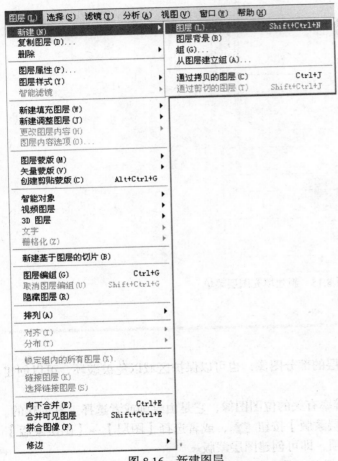

图 8.16　新建图层　　　　　　　　　　　图 8.17　新建图层

方法 4：在图层控制调板中单击【新建图层】按钮，可以直接创建一个 Photoshop 默认的新图层，这也是创建新图层最常用的方法。

8.4.2　选择图层

在 Photoshop 中可以选择一个或多个图层进行编辑（如绘画以及调整颜色和色调等），

但一次只能在一个图层上工作。单个选定的图层会呈现蓝色，称为现用图层；现用图层的名称将出现在文档窗口的标题栏中。可以通过以下方法选择图层。

　　方法 1：选择单个图层。在图层调板中任意单击一个图层，即可选择此图层，此时的图层调板如图 8.18 所示，图层画面如图 8.19 所示。

图 8.18　选中单个图层

图 8.19　风景

　　方法 2：选择多个连续的图层。可以先单击第一个图层，然后按住 Shift 键单击最后一个图层从而选中所有图层，图层调板及画面效果分别如图 8.20、图 8.21 所示。

图 8.20　选中多个连续图层

图 8.21　八里沟风光

　　方法 3：选择多个非连续图层，可以按住 Ctrl 键并在图层调板中单击其余所需图层。

　　方法 4：选择所有图层，在菜单栏中选择【选择】→【所有图层】命令。

　　方法 5：不选择任何图层，在图层调板中的背景图层或底部图层下方单击，或者选择【选择】→【取消选择图层】命令。

8.4.3　移动图层

　　图像中的各个图层之间是有层次关系的，层次效果的最直接体现就是叠加。位于图层调板下方的图层层次是较低的，越往上则层次越高。就好像从下往上摞书一样。位于较高层次的图像内容会遮挡较低层次的图像内容。要改变图层的层次，可以通过移动图层的位置实现。图层的移动有以下方法。

方法 1：在图层调板中，上下拖动图层。比如现在把"图层 0"层移动到"风光"图层层的上方，那么"风光"二字就会被"图层 0"中的图像内容遮住了，如图 8.22 和图 8.23 所示。

图 8.22　八里沟

图 8.23　图层调板

方法 2：在菜单栏中选择【图层】→【排列】命令调整图层的顺序，如图 8.24 所示。

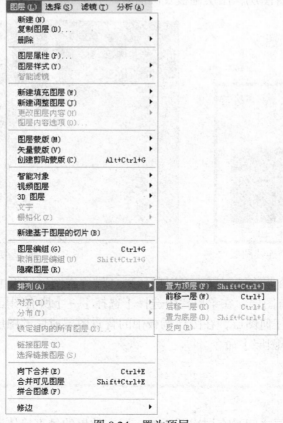

图 8.24　置为顶层

其子菜单中的常用选项如下。

置为顶层：可以将当前选择的图层移动到图层调板的最顶层。

前移一层：可以将当前选择的图层向前移动一层，如果该图层已经处于最顶层，此命令则不能被使用。

后移一层：可以将当前选择的图层向下移动一层，如果该图层已经处于最底层，即背景层的上方，此命令不能被使用。

置于底层：可以将当前选择的图层移动到图层调板的最底层。

8.4.4 复制图层

图层的复制是图像处理操作中常用的命令。复制图层实际上就是创建图层副本。要复制图层，首先要将复制的图层选中为当前图层，然后通过以下几种方法进行复制。

方法 1：在菜单栏中选择【图层】→【复制图层】命令，弹出【复制图层】的对话框，在【为（A）】文本编辑框中输入新的图层名称即可，如图 8.25 所示。

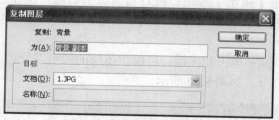

图 8.25 【复制图层】对话框

方法 2：在图层调板中选中要复制的图层，右键单击，在弹出的菜单中选择"复制图层"选项。

方法 3：选中当前图层，将其直接拖到图层调板的"创建新的图层"按钮 上并释放鼠标即可，这也是较为简单、常用的一种方式。

方法 4：按下 Ctrl + J 组合键,可以直接复制当前图层。

方法 5：不同图像之间的图层复制：在进行图像编辑处理时，如果需要将一个图像中的多个图层复制到另一个图像中，只需将所要复制的多个图层全部选中，然后使用移动工具将它们拖到新图像中即可。

8.4.5 重命名图层

在新建图层时，系统会自动为图层命名，例如"图层 1"、"图层 2"等。当新建图层数量较多时，为了在图层调板中便于识别，可以为图层重新命名。为图层重新命名可以有以下几种方法。

方法 1：先显示各图层的名称，一般在其缩览图的右边显示。如果需要修改图层的名称，则在图层名称处双击鼠标即可。

方法 2：在菜单栏中选择【图层】→【图层属性】命令，也可以在弹出的【图层属性】对话框中对图层进行重命名。

8.4.6 删除图层

当图层数量较多时，删除不需要的图层可以使图像文件变小。删除图层的方式有以下几种。

方法1：单击图层调板下方的"删除图层"按钮 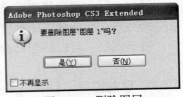，然后在弹出的对话框中单击按钮 是(Y)，就可删除图层，如图8.26所示。

方法2：在菜单栏中选择【图层】→【删除】→【图层】命令，亦可删除图层。

图8.26　删除图层

方法3：在当前图层上右键单击，在弹出的快捷菜单中选择"删除图层"命令即可。

8.4.7 锁定图层

在图层调板中单击【锁定】按钮，可对当前图层的编辑操作进行部分或完全锁定。如果要取消锁定，可选择被锁定图层，再次单击【锁定】按钮即可。锁定图层的方式有以下4种。

■ 锁定透明像素 ⊠：单击此按钮，可保护图层的透明部分，编辑操作的范围将被限制在图层中不透明的部分，如图8.27所示。

图8.27　锁定透明像素

■ 锁定图像像素 ✎：单击此按钮，可防止绘画工具破坏此图层的像素。
■ 锁定位置 ✛：单击此按钮，图层的位置被固定，将不会被随便移动。
■ 锁定全部 🔒：单击此按钮，将锁定以上图层的所有属性。

注　意

这些方式只对普通层起作用，对背景层无效。

练一练

利用重命名图层的方法为图层重新命名，如图 8.28 所示。

重命名前的图层调板

重命名后的图层调板

图 8.28　重命名图层

8.5　如何使用图层组

图层组是用于管理图层的。对于图层组的操作有：图层组的建立、将图层移入或移出图层组，以及复制和删除图层组等。

8.5.1　创建图层组

利用图层组可以方便地管理大量图层，并可以统一设置图层组中的所有图层。要建立图层组，在菜单栏中选择【图层】→【新建】→【组】命令，建立图层组，或者在图层调板下方单击【创建新组】按钮 ，可建立一个新的图层组，如图 8.29 所示。

图 8.29　建立图层组

8.5.2 将图层移入或移出图层组

创建图层组之后，单击图层组前面的 ▼ 图标可以折叠或者展开图层组。展开图层组时，可以显示此图层组所包含的图层；折叠图层组时，可以使之占用图层调板较少的空间。

■ 将图层移入图层组：当图层组折叠时，将图层拖动到图层组的图标上，可将图层移入该组。当图层组展开时，将图层拖动到该图层组中需要的位置，即可将图层移入该组中的指定位置，如图 8.30、图 8.31 所示。

图 8.30　图层组展开

图 8.31　移入图层组

■ 将图层移出图层组：将图层组内的图层拖动到图层组的名称上面，或者图层组外的其他图层上即可，如图 8.32、图 8.33 所示。

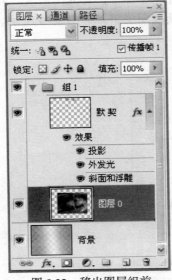

图 8.32　移出图层组前

图 8.33　移出图层组

8.5.3　复制和删除图层组

创建图层组之后，可以根据画面需求复制图层组和删除图层组。

■　复制图层组：将图层组拖到"创建新图层"的按钮 上，可以复制图层组及其所包含的图层。也可以选择图层组，然后单击图层调板中的 按钮，在打开的调板菜单中选择【复制组】命令，弹出【复制组】对话框，如图 8.34 所示。在【为（A）】文本框内输入图层组的名称，选择将图层组复制到当前文档或者新建的文档中。

■　删除图层组：将图层组直接拖动到"删除图层"按钮 上，即可删除图层组及其所包含的所有图层。或者选择相应的图层组，然后单击图层调板上"删除图层"按钮 ，弹出如图 8.35 所示对话框，单击 组和内容(G) 按钮，可以删除图层组及其图层；单击 仅组(O) 按钮，可删除图层组，但保留组中图层；单击 取消(C) 按钮，则取消当前操作。

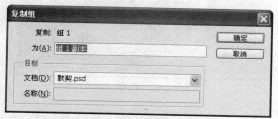

图 8.34　复制组

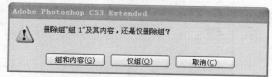

图 8.35　删除图层组

8.6　典型实例——流星效果

1.　实例预览

本实例的图片在处理前后的效果分别如图 8.36 与图 8.37 所示。

图 8.36　处理前的效果

图 8.37　处理后的效果

2. 实例说明

主要工具或命令：【矩形选框工具】、【锁定透明像素】和【删除】等命令。

3. 实例操作步骤

第1步：打开文件。

❶ 在菜单栏中选择【文件】→【打开】菜单命令。

❷ 打开 "Sample\ch08\山水.jpg"，如图 8.36 所示。

第2步：转换图层。

❶ 双击背景图层使其转换为普通图层，如图 8.38 所示。

图 8.39　创建选区

图 8.38　转换图层

第3步：创建选区。

❶ 在工具箱中选择矩形选框工具□并在图像上创建选区，按下 Ctrl+Shift+I 组合键，将选区反向选择，如图 8.39 所示。

❷ 按下 Detele 键并删除选区内图像使之成为透明图像，按下 Ctrl + D 取消选择选区。如图 8.40 所示。

第4步：绘制流星。

❶ 在图层调板上单击■按钮，锁定当前图层的透明像素。

图 8.40　删除图像使之成为透明图像

❷ 在工具箱中选择画笔工具，画笔工具属性栏的设置如图 8.41 所示。画笔颜色的前景色设置如图 8.42 所示。设置好后在图 8.40 上进行绘制，图中透明的图层被锁定，不透明的图层将被绘制上红色流星效果。

图 8.41　画笔工具属性栏

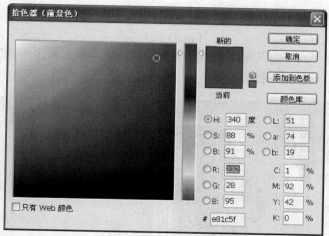

图 8.42　【拾色器（前景色）】对话框

4. 实例总结

本实例通过运用矩形选框工具和锁定透明像素绘制流星效果。在绘制时，画笔的颜色和样式可以随意选取，以便取得更好的艺术效果。

8.7　本　讲　小　结

本讲全面介绍了图层操作的所有功能。通过本讲学习，可以掌握图层的概念、分类及特点，并掌握图层的操作功能，懂得在处理图像时图层的重要性和使用普遍性，从而更有效地去编辑和处理图像。

8.8　思考与练习

1. 选择题

（1）以下用来锁定图层的按钮是（　　　）。

 A. ▨   B. ✛   C. ✐   D. 🔒

（2）用来新建图层的快捷键是（　　　）。

 A. Shift + Ctrl + N   B. Ctrl + N

 C. Ctrl + Z   D. Ctrl + O

（3）删除图层的方式有（　　　）。

 A. 单击图层调板下方的"删除图层"按钮 🗑

 B. 在菜单栏中选择【图层】→【删除】→【图层】命令

 C. 在图层上右键单击，在弹出的快捷菜单中选择"删除图层"命令

 D. 使用快捷键 Ctrl+N

2．上机操作题

打开"Sample\ch08\风景.jpg"和"Final\ch08\八里沟风光结果.jpg"文件（含有 4 个图层以上的图像），在"八里沟风光结果"图中进行调整图层叠放次序的操作，并仔细观看有何区别，如图 8.43、图 8.44 所示。

图 8.43　风景　　　　　　　　　　图 8.44　八里沟风光结果

第 9 讲　图层的高级应用

▶ **本讲要点**

- 掌握链接图层的基本操作
- 掌握图层的混合模式
- 掌握图层样式的使用方法
- 掌握图层对齐与分布的方法

▶ **快速导读**

　　本讲介绍了图层或组次序的更改、链接图层的基本操作、图层的混合模式、图层样式、图层的对齐与分布、样式调板、形状图层编辑等方法。重点是图层的样式、图层的对齐与分布、样式面板操作、形状图层编辑；难点是图层的样式、样式面板操作和形状图层。通过本讲学习，读者可以学会如何方便地管理和修改图像，以及创建各种特效。

9.1 更改图层或组的次序

在 Photoshop 中，图层和组的排列是按照创建的先后顺序堆叠在一起的，改变图层或组的顺序会影响图像的最终效果。可以通过以下方法调整图层或者组的顺序。

方法 1：在【图层】调板中，直接将图层或组向上或者向下拖动，当突出显示的线条出现在要放置图层的位置时，松开鼠标按键即可调整图层或组的顺序，如图 9.1、图 9.2 所示。

图 9.1　图层移动前

图 9.2　图层移动后

方法 2：在选中要移动的图层后，在菜单栏中选择【图层】→【排列】下拉菜单中所需要的命令即可，如图 9.3 所示。

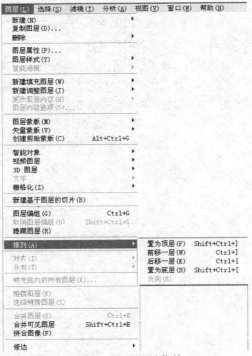
图 9.3　排列图层菜单

> **说　明**
>
> 　　要反转图层或组的顺序，可以在图 9.3 所示的子菜单中选择【反向】命令。此命令用于调整至少 2 个图层或组的顺序。

9.2　链　接　图　层

　　如果要将 Photoshop 中多个图层一起移动又不改变相对位置，要用到图层的链接功能。与同时选定的多个图层不同，链接的图层将保持关联，直至取消它们的链接。

9.2.1　建立和取消链接图层

　　在 Photoshop 中使用图层链接功能来编辑图像非常方便，下面介绍建立和取消链接的方式。

1.　建立链接图层

　　建立链接图层的方法有以下 3 种。

　　方法 1：在【图层】调板中选择要链接的多个（2 个或 2 个以上）图层，如图 9.4 所示。单击【图层】调板底部的链接图层按钮　，可将它们链接，如图 9.5 所示。

　　　　　图 9.4　图层链接前

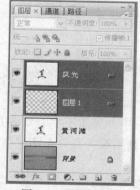
　　　　　图 9.5　图层链接后

　　方法 2：选中要链接的多个图层后，在菜单栏中选择【图层】→【链接图层】命令，即可将它们链接在一起。

　　方法 3：选中多个图层后，单击【图层】调板中 按钮，在弹出的菜单中选择"链接图层"选项，即可将选中的图层链接在一起。

2.　取消链接图层

　　要取消链接的图层，有以下 3 种方法。

　　方法 1：在【图层】调板中选择一个链接的图层，如图 9.6 所示，单击【图层】调板底部的链接图层按钮　即可取消链接，如图 9.7 所示。

　　方法 2：按住 Shift 键的同时单击链接图层右侧的链接图标　，当图层链接图标变为时，表示禁用了图层的链接；再次按住 Shift 键单击链接侧图标即可启用链接。

方法 3：单击其中任意一个链接图层，然后在菜单栏中选择【图层】→【选择链接图层】命令，选中所有的链接图层，接着单击图层调板下方的"链接图层"按钮 ∞ ，即可取消所有的链接图层。

图 9.6　取消链接图层前

图 9.7　取消链接图层后

9.2.2　锁定链接图层

选中所有的链接图层，然后选择【图层】→【锁定图层】命令，在弹出的"锁定图层"对话框中选中位置复选框，然后单击 确定 按钮，即可完成对链接图层的锁定。如图 9.8 所示。

图 9.8　锁定图层对话框

9.3　对齐或分布图层

在 Photoshop 中如果需要完全对齐几个图层中的图像或将几个图层中的图像平均分布，最好的办法就是利用对齐和分布图层命令。

9.3.1　对齐图层

在图层调板中选择需要对齐的 2 个或者多个图层后，可以在菜单栏中选择【图层】→【对齐】下拉菜单中的命令对齐图层，如图 9.9 所示。如果当前使用的工具为移动工具 ，则可以直接在工具选项栏中通过单击 按钮进行对齐，如图 9.10 所示。

图层的对齐方式有以下 6 种。

■ 顶对齐 ：将选定图层上的顶端像素与所有选定图层上最顶端的像素对齐，或与选区边框的顶边对齐。图 9.11 所示为对齐前的图像，图 9.12 所示为设置为顶端对齐后效果。

■ 垂直居中对齐 ：将选定图层上的垂直中心像素与所有选定图层的垂直中心像素对齐，或与选区边框的垂直中心对齐。

■ 底对齐 ：将选定图层上的底端像素与选定图层上最底端的像素对齐，或与选区边框的底边对齐。

■　左对齐 ：将选定图层上左端像素与最左端图层的左端像素对齐，或与选区边框的左边对齐。

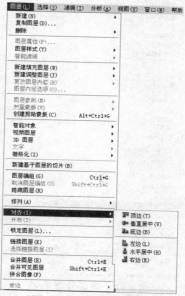

图 9.9　图层对齐菜单

图 9.10　图层对齐工具栏

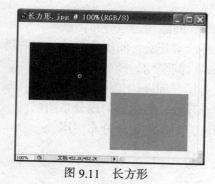

图 9.11　长方形

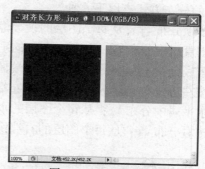

图 9.12　顶对齐长方形

■　水平居中 ：将选定图层上的水平中心像素与所有选定图层的水平中心像素对齐，或与选区边框的水平中心对齐。

■　右对齐 ：将选定图层上的右端像素与所有选定图层上的最右端像素对齐，或与选区边框的右边对齐。

9.3.2　分布图层

使用图层对齐命令时，只需 2 个工作图层即可操作，而使用图层分布命令，则必需建立 3 个或 3 个以上的图层链接。

可以在菜单栏上选择【图层】→【分布】下拉菜单中的命令对图层进行分布，如图 9.13 所示。如果当前使用的工具为移动工具 ，则可以直接在工具选项栏中通过单击按钮进行分布，如图 9.14 所示。

图 9.13　图层分布菜单

图 9.14　图层分布工具栏

图层的分布方式有以下 6 种。

- 按顶分布 ：从每个图层的顶端像素开始，间隔均匀地分布图层。
- 垂直居中分布 ：从每个图层的垂直中心像素开始，间隔均匀地分布图层。
- 按底分布 ：从每个图层的底端像素开始，间隔均匀地分布图层。
- 按左边分布 ：从每个图层的左端像素开始，间隔均匀地分布图层。
- 水平居中分布 ：从每个图层的水平中心开始，间隔均匀地分布图层。
- 按右分布 ：从每个图层的右端像素开始，间隔均匀地分布图层。

练一练

打开"Sample\ch09\五角星.psd"文件，如图 9.15 所示。利用分布命令对齐图层，效果如图 9.16 所示。

图 9.15　五角星.psd

图 9.16　对齐五角星.jpg

9.4 合 并 图 层

图像的设计或制作完成后，一般会产生很多图层，这会导致图像变大，操作速度变慢，因此需要将已经确定的不必再改动的图层或影响不大的图层合并起来作为一个图层，以减小图像文件。

9.4.1 合并多个图层

要合并多个图层，可以按住Ctrl键在图层调板中逐一选中图层，如图 9.17 所示。然后在菜单栏上选择【图层】→【合并图层】命令，或按下Ctrl+E快捷键将它们合并为一个图层，合并后的图层使用最上面图层的名称，如图 9.18 所示。

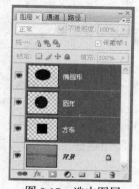

图 9.17 选中图层

图 9.18 合并多个图层

9.4.2 向下合并图层

要将一个图层合并到它下面的一个图层中去，首先选择此图层，如图 9.19 所示。然后在菜单栏上选择【图层】→【向下合并】命令，或按住 Ctrl+E 快捷键进行合并，合并后的图层使用下面图层的名称，如图 9.20 所示。

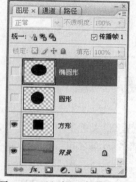

图 9.19 选中要合并的图层

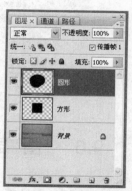

图 9.20 向下合并图层

9.4.3 合并所有图层

要合并所有的图层，可在菜单栏上选择【图层】→【拼合图像】命令，如果有图层隐藏，拼合时会出现如图 9.21 所示的对话框。如果单击 确定 按钮，原先处在隐藏状态的图层都将被丢弃；如果单击 取消 按钮，将隐藏的图层都显示出来后，再选择拼合图层命令，所有的图层就会合并为背景图层。

图 9.21　对话框

9.4.4 合并可见图层

要合并图像中所有可见的图层，可以选择【图层】→【合并可见图层】命令，或按住 Shift + Ctrl + E 快捷键，则在图层调板中所有显示 👁 的图层都将被合并。

9.5　图层混合模式

图层混合模式是指一个图层与其下面图层的色彩叠加方式，在这之前所使用的是正常模式。除了正常模式以外，还有很多种混合模式，它们都可以产生迥异的合成效果。

选择一个图层，单击图层调板中的 ⌄ 按钮，可以打开混合模式下拉列表，列表中提供 25 种混合模式，如图 9.22 所示。读者可以逐一尝试使用这些混合模式，观察所产生的效果。

图 9.22　图层混合模式下拉列表

9.6　图　层　样　式

为了获得更加理想的图像处理效果，Photoshop 中提供了许多图层样式，例如投影、阴影、发光、斜面及浮雕、描边等。

9.6.1　图层样式类型

图层的样式其实就是图层效果应用。图层样式的类型包括投影、内投影、外发光、内发光、斜面和浮雕、光泽、颜色叠加、图案叠加、渐变叠加、描边等。下面介绍"图层样式"对话框和几种常用的图层样式。

1. 打开"图层样式"对话框。

方法 1：单击图层调板中的添加图层样式按钮 *fx*，在打开的下拉列表中选择任意一种样式，如图 9.23 所示，可以打开"图层样式"对话框，如图 9.24 所示。

图 9.23　添加图层样式

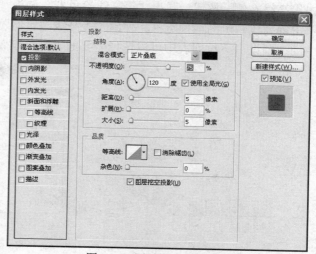

图 9.24　图层样式对话框

方法 2：在菜单栏上选择【图层】→【图层样式】菜单，在其子菜单中选择任意一种样式均可打开"图层样式"对话框。

2. 常用的图层样式

（1）【投影】图层样式

运用【投影】图层样式可以在图层内容的后面添加阴影，使图像产生立体感的效果。相应的"图层样式"对话框如图 9.23 所示。

下面简单介绍【投影】图层样式中各选项的作用。

■　"混合模式"下拉列表：提供设置图层样式与下层图层的混合方式。默认的是"正片叠底"。

■　颜色预览框：单击"混合模式"右侧的颜色预览框█，可以设置阴影的颜色。

■　不透明度：此选项默认值是 75%，一般这个值不需要更改。如果阴影的颜色显示深一些，则增大这个值，反之则减小。

■　角度：该选项用于设置阴影的方向，如果进行微调，则在右侧的文本框中直接输入角度值即可。在圆圈中，指针指向光源的反方向就是阴影显示的位置。

■ 使用"全局光"复选框：选中此选项，可以使用全局光，全局光可以使所有效果光照的角度保持一致。取消选择，则可以为投影效果设置局部的光照角度。

■ 距离：此选项用于设置阴影和图层内容之间的偏移量。设置的值越大，光源照射的角度越低，反之则越高。

■ 扩展：此选项用于设置阴影的大小。值越大，阴影的边缘显得越模糊；值越小，阴影的边缘越清晰。

■ 大小：其数值可以反应光源距离图层内容的距离。值越大阴影越大，表明光源距离层的表面越近，产生一种从阴影色到透明的效果；值越小则阴影越小，表明光源距离层的表面越远。

■ 等高线：此选项用于对阴影部分进行进一步设置，等高线的高处对应阴影上的暗圆环，低处对应阴影上的亮圆环。使用等高线可以指定投影，使投影产生变化。

单击等高线右侧▼按钮，弹出"等高线拾色器"调板，如图 9.25 所示，可从中选择其样式。单击等高线右侧的 预览框，弹出"等高线编辑器"对话框，如图 9.26 所示。在该对话框中的"预设"下拉列表中可以选择需要的等高线设置。

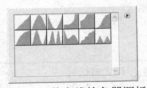

图 9.25　等高线拾色器调板

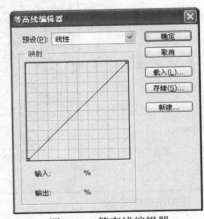

图 9.26　等高线编辑器

■ 杂色：该选项用于设置在投影中添加的杂色的数量。

■ 图层挖空阴影：选中此选项，当图层不透明度小于 100% 时，阴影部分仍然是不可见的，也就是说透明部分对阴影失效。通常必须选中此选项，使用【投影】图层样式时，等高线才允许制定渐隐。若撤选该选项，则可看到等高线的效果。

（2）【内阴影】图层样式

【内阴影】图层样式用于紧靠在图层内容的边缘内添加阴影，使图层具有凹陷感。其相应的"图层样式"对话框如图 9.27 所示。其选项作用和【投影】选项的类似。其中"阻塞"选项是针对"内阴影"设置阴影边缘的渐变程度，单位是百分比，此值设置与"大小"选项的值有关，如果"大小"选项的值设置得越大，阻塞的效果就会越明显。

（3）【外发光】和【内发光】图层样式

【外发光】和【内发光】图层样式是用于从图层内容的外边缘和内边缘添加发光的效果。如果发光内容的颜色较深，则发光颜色需要选择较深的颜色，这样制作出来的效果更明显。其相应的"图层样式"对话框如图 9.28 所示。

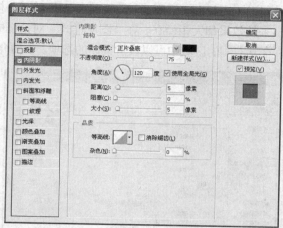

图 9.27 【内阴影】的图层样式

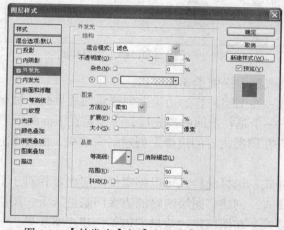

图 9.28 【外发光】与【内发光】的图层样式

【外发光】和【内发光】图层样式的部分选项的作用和【投影】图层样式对应选项的作用相同，这里不再赘述。下面介绍其他几个选项的作用。

■ 设置发光颜色单选按钮◎□：选中此单选按钮，再单击其右侧的颜色框，就可以打开【拾色器】对话框设置一种发光的纯色。

■ 渐变发光颜色单选按钮◎[　　　　　]▼：选中此单选按钮，再单击其右侧渐变颜色预览框，可以打开【渐变编辑器】对话框，编辑渐变发光颜色。

■ 方法：该下拉列表中的【柔和】选项表现出的光线的穿透力要弱一些，【精确】选项可以使光线的穿透力更强一些。

■ 居中和边缘单选按钮 源:○居中(E) ◎边缘(G)：设置光源是位于发光内容的中心还是内部边缘。

■ 范围：控制发光内容中作为等高线目标的部分或范围。

■ 抖动：可以在光线部分产生随机的色点，制作出抖动效果的前提是在颜色设置中必须选择一个具有多种颜色的渐变色。如果使用默认的由某种颜色到透明的渐变，不论怎样设置"抖动"选项都不能产生预期效果。

（4）【斜面和浮雕】图层样式

该图层样式用于对图层添加高光与阴影的各种组合效果。它是 Photoshop 图层样式中最复杂的一种图层样式，包括外斜面、内斜面、浮雕、枕形浮雕等，虽然每一样式中提供的设置选项都是一样的，但是制作出来的效果却大相径庭。在"图层样式"对话框中选中【斜面和浮雕】复选框，如图 9.29 所示。在其右侧的区域中可以设置具体的选项。下面介绍几个其独特的选项。

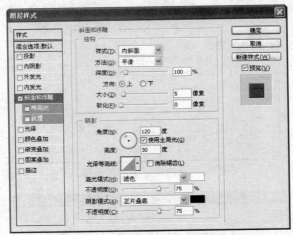

图 9.29 【斜面和浮雕】图层样式

其【样式】下拉列表框中提供了 5 种样式。

- "外斜面"样式：在图层内容的边缘上创建斜面效果时，被赋予了外斜面样式的层也会多出两个虚拟层，一个是在上面的高光层，一个是在下面的阴影层。
- "内斜面"样式：在图层内容的边缘上创建斜面效果，在边缘上似乎多出一个高光层和一个投影层。
- "浮雕效果"样式：选择此样式可以创建使图层内容相对于下一图层凸出的效果。
- "枕状浮雕"样式：创建将图层内容的边缘凹陷进入下一图层中的效果。
- "描边浮雕"样式：在图层描边效果的边界创建浮雕效果。

【方法】下拉列表框中提供了 3 种选项。

- 平滑：可以使斜角的边缘模糊，从而制作出边缘光滑的效果。
- 雕刻清晰：主要用于消除齿状的硬边杂边，得到的效果边缘变化明显，立体感强。
- 雕刻柔和：可获得界于平滑和清晰之间的效果，主要应用于有较大范围的杂边的情况。

【深度】滑块：用于设置生成浮雕效果后的阴影强度，数值越大阴影颜色越深。但【深度】滑块和【大小】滑块必须结合使用。

【方向】单选按钮：生成浮雕效果亮部和阴影方向。

【大小】滑块：生成浮雕效果阴影面积的大小，在设置【大小】选项后，用【深度】滑块可以调整高台的截面梯形斜边的光滑程度。

【软化】滑块：用于将阴影效果模糊处理，使边缘模糊。

【高度】：用于设置光源的位置。

9.6.2 编辑图层样式

为图层添加样式后，可以根据需要修改样式参数，添加其他样式；也可以隐藏或者删除样式。下面介绍几种常用的编辑图层样式类型。

1. 展开与折叠样式列表

为图层添加样式后，在图层调板中图层名称的右侧会显示图层效果图标，如图 9.30 所示。单击效果图标右侧按钮 可以展开样式，以便查看与编辑合成样式的效果，如图 9.31 所示。再次单击此按钮，可折叠样式。

图 9.30　图层样式

图 9.31　图层样式展开

2. 修改样式参数

在图层调板中双击一个图层效果，可以打开"图层样式"对话框，在该对话框中可以修改此效果。

3. 显示或隐藏样式

如果要显示或隐藏添加到图层中的样式，有以下 3 种方法。

方法 1：在图层调板中单击某一效果名称前的图标 ，可以隐藏此效果。如果再次单击图层前的图标 ，则会隐藏添加到此图层中的所有样式。再次单击可显示效果或样式。

方法 2：在"图层样式"对话框中，左侧列表显示了 10 种样式效果，效果名称前面的方框内有 ，表示在图层效果中添加了此效果。若取消 ，表示在图层效果中隐藏了此效果。

方法 3：可在菜单栏中选择【图层】→【图层样式】→【隐藏所有效果】命令或者【图层】→【图层样式】→【显示所有效果】命令。

4. 删除样式

在删除样式时，可执行以下 2 种操作从应用于图层的样式中删除效果，或者从图层中删除整个样式。

方法 1：在图层调板中，展开图层样式，将要删除的样式效果直接拖动到图层下方按钮 上，可直接删除此效果。

方法 2：在图层调板中，选择要删除样式的图层，然后在菜单栏中选择【图层】→【图层样式】→【清除图层样式】命令，可以删除此图层中的图层样式。

9.7　【样式】调板

【样式】调板是用来保存和管理图层样式的。此外，还可以从样式调板中应用 Photoshop

的预设样式。

9.7.1　应用预设样式

　　在图层调板中选择要添加的样式图层，然后在菜单栏上选择【窗口】→【样式】命令，打开【样式】调板中的预设样式，即可为图层添加应用样式。

　　下面通过实例讲解应用预设样式的方法。

❶　打开文件 "Sample/ch09/叶子.jpg"，如图 9.32 所示。

击其他预设样式，则新的样式会替换当前的图层样式。

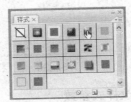

图 9.33　样式调板

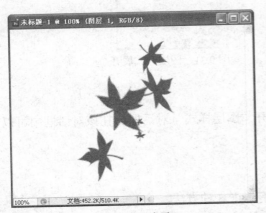

图 9.32　叶子

❷　在图层调板中选择要添加的样式图层，然后在菜单栏中选择【窗口】→【样式】命令，打开【样式】调板中的预设样式，如图 9.33 所示，在其中选择一种样式即可。应用效果如图 9.34 所示。如果再单

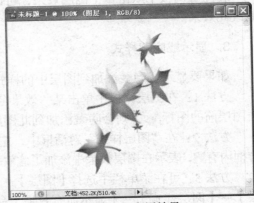

图 9.34　应用效果

9.7.2　载入样式

　　除了在【样式】调板中显示的样式外，Photoshop 还提供了其他样式，这些图层的样式按功能分在不同的库中。例如，"Web 样式"库中提供用于创建 Web 按钮的样式，"文字效果"样式库中提供向文本添加效果的样式。要使用这些样式，首先要先将它们载入【样式】调板。

　　单击【样式】调板中的右侧按钮·≡，打开调板菜单，菜单底部罗列了 Photoshop 提供的样式库，如图 9.35 所示。选择一个样式库（这里选择 "Web 样式"），会弹出如图 9.36 所示对话框。

图 9.35　调板菜单

图 9.36　对话框

单击 ⬚确定⬚ 按钮，可以将样式库中的样式添加到【样式】调板中，并替换调板中原有的样式，如图 9.37 所示。单击 ⬚取消⬚ 按钮，可取消操作。单击 ⬚追加(A)⬚ 按钮，可以将样式添加到【样式】调板中，原有的样式不会被替换，如图 9.38 所示。

图 9.37　替换样式调板

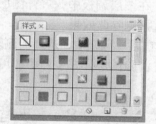

图 9.38　追加样式调板

｜ 提　示 ｜

要返回默认的预设样式库，可以选择【样式】调板菜单中的"复位样式"命令。

9.7.3　创建新样式

【样式】调板可以保存自定义样式。将自己创建的样式保存在【样式】调板中，以后可以方便其他图像应用相同的样式。创建新样式的方法如下。

---

❶ 在【图层】调板中选择要存储为预设样式的图层。

❷ 在【样式】调板的空白区域单击（光标会变为🖑），如图 9.39 所示。弹出【新建样式】对话框，如图 9.40 所示。在"名

称"后输入预设样式的名称，设置样式选项，然后单击 ⬚确定⬚ 按钮，即可将样式保存到【样式】调板中，如图 9.41 所示。

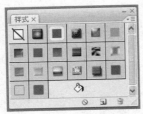

图 9.39　样式调板

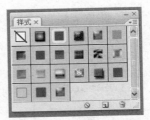

图 9.41　添加样式调板

图 9.40　新建样式对话框

9.7.4　删除样式

在删除样式时，可执行以下 2 种操作将应用于图层的样式删除效果，或者从图层中删除整个样式。

方法 1：在图层调板中，展开图层样式，将要删除的样式效果直接拖到图层下方按钮 🗑 上，可直接删除此效果。

方法 2：在图层调板中，选择要删除的样式图层。然后在菜单栏中选择【图层】→【图层样式】→【清除图层样式】命令，可以删除此图层的图层样式。

9.8　典型实例——情人节礼物

1. 实例预览

实例处理前后的效果如图 9.42～图 9.44 所示。

图 9.42　处理前的"玫瑰"图片

图 9.43　处理前的"心形"图片

2. 实例说明

主要工具或命令：【移动工具】、【文字工具】、【自由变换】、【栅格化】、【添加图层样式】

命令等。

图 9.44　处理后的"情人节礼物"效果

3. 实例操作步骤

第 1 步：打开文件。

❶ 打开"Sample\ch09\玫瑰.jpg"与"Sample\ch09\心形.jpg"文件，分别如图 9.42、图 9.43 所示。

❷ 在心形图像的图层调板中双击背景图层将其转换为普通图层。

第 2 步：移动图像。

❶ 在工具箱中选择魔棒工具 ，在心形图像空白处单击，如图 9.45 所示。

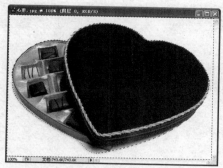

图 9.45　选择图像

❷ 按下 Delete 键将心形周围图层删除，再按下 Ctrl + D 快捷键取消选区。在工具箱中选择【移动】工具，将心形图像移到玫瑰图像中，图层调板中会自动生成名为"图层 1"的图层，将"图层 1"重命名为"心形"。按下 Ctrl + T 快捷键调整图像大小，并放置于合适位置，如图 9.46 所示。

图 9.46　移入图像

❸ 在图层调板中选中心形图层，单击添加图层样式按钮 fx，为图层添加样式效果为"斜面和浮雕"效果，样式为：浮雕效果，大小为 20，其他设置不变。其效果如图 9.47 所示。

图 9.47　添加图层样式

第 3 步：输入文字。

❶ 在工具栏中选取 T ■ T 横排文字工具　T

工具，字体为隶书，大小为 12 点。在工具箱中选择■按钮，在弹出的【拾色器(前景色)】对话框中选择紫色（#7c227d），输入文字"情人节礼物"，设置文字样式为拱形，水平弯曲为 10%，效果如图 9.48 所示。

❷ 选中文字图层为当前图层，在菜单栏上选择【图层】→【栅格化】→【文字】命令，将文字图层栅格化。

❸ 在图层调板中单击添加图层样式按钮 fx，为文字图层添加样式效果为投影、外发光、斜面和浮雕效果，如图 9.49 所示。

图 9.48　输入文字

图 9.49　情人节礼物

4．实例总结

本实例通过运用魔棒工具、移动工具、文字工具、栅格化和添加图层样式等命令制作图片。需要注意的是在为文字图层添加图层样式时，应先将其栅格化。

9.9　本讲小结

本讲详细地介绍了图层样式效果的制作和图层混合功能的运用，通过本讲的学习，读者能够更好地运用图层样式和图层混合功能，从而创作出绚丽多彩的图像效果。

9.10　思考与练习

1．填空题

（1）Photoshop 中定义了一套系统样式，该样式可以通过（　　　）菜单下的（　　　）命令打开。

（2）图层的特殊效果包括阴影效果、（　　）、（　　）、（　　）、（　　）、（　　）、（　　）。

2．判断题

（1）要反转图层或组的顺序，可在菜单栏中选择【图层】→【排列】→【反向】命令。

（　　）

（2）在菜单栏上选择【图层】→【链接图层】命令，可以将选中的 2 个或者多个图层

链接在一起。　　　　　　　　　　　　　　　　　　　　　　　（　　　）

3．上机操作题

（1）打开一幅含有 3 个图层以上的图像，在其中进行链接图层、移动链接图层、对齐和分布图层以及合并图层和调整图层叠放次序的操作。

（2）建立一新图像文件，并建立一个新图层，在其中画出椭圆形和矩形。然后在当前图层上创建图层效果，如图 9.50 所示。此时查看图层调板的具体变化，如图 9.51 所示。

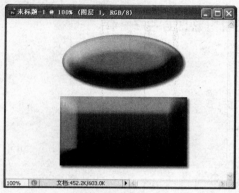

图 9.50　习图

图 9.51　图层调板

第 **10** 讲 文字的创建与编辑

▶ **本讲要点**

- 了解文字工具及其属性
- 掌握编辑文本的方法
- 掌握将文本图层转换为工作路径的方法
- 掌握将文本转换为选区的方法
- 熟悉扭曲变形文字

▶ **快速导读**

文字工具是 Photoshop 中最主要的工具之一。本讲主要介绍了文字工具及其属性、编辑文本、将文本转换为选区、将文本图层转换为工作路径等内容。重点是编辑文本，难点是如何将文本转换为选区，如何将文本图层转换为工作路径。

10.1　文字工具及其属性

　　文字是平面设计作品中非常重要的视觉元素。使用 Photoshop 提供的文字工具可以创建各种类型的文字，还可以对文字进行变形，以及按路径排列文字。

　　单击文字工具 T 后，可以在工具选项栏中设置文字的属性，如图 10.1 所示。

图 10.1　文字工具选项栏

下面简要介绍该工具选项栏中各个选项的作用。

　　■　更改文本方向：单击 工 按钮，可以将水平方向的文字更改为垂直方向，如图 10.2 所示。

图 10.2　将水平排列文字改为垂直排列

　　■　设置字体：在此选项的下拉列表中可选择使用的字体（在图 10.1 中显示的是"黑体"）。

　　■　设置字体样式：该选项紧挨着"设置字体"选项的右边。在此选项下拉列表中可以选择一种字体样式。

　　■　设置字体大小：在此选项下拉列表中可以选择字体的大小，也可以输入字体大小的数值（在图 10.1 中显示的是"550"点）。

　　■　设置消除锯齿的方法 aa 无 ▼ ：在此选项下拉列表中可以为文字选择一种消除锯齿的方法。选择"无"，表示不应用消除锯齿功能；选择"锐利"，可以使文字以最为锐利的形式出现；选择"犀利"，使文字显得较为锐利；选择"浑厚"，使文字显得较粗；选择"平滑"，使文字显得较为平滑。消除锯齿功能可以通过部分地填充边缘像素产生边缘平滑的文字，使文字的边缘混合到背景中。

　　■　对齐方式：基于输入文字时文字插入点的位置确定文本的对齐方式，包括左对齐文本 ▤ 、居中对齐文本 ▤ 和右对齐文本 ▤ 。

　　■　设置文本颜色：单击颜色框，弹出【选择文本颜色：】对话框，在该对话框中可以设置文字的颜色。如图 10.3 所示。

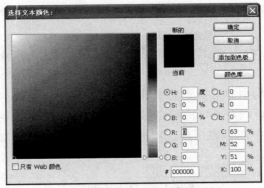

图 10.3 【选择文本颜色】对话框

提 示

　　按下 Alt + Delete 快捷键可以为文字填充前景色，按下 Ctrl + Delete 快捷键可以为文字填充背景色。

■ 创建文字变形：单击 按钮，弹出【变形文字】对话框，在该对话框中可以为文本设置变形样式，各项参数设置如图 10.4 所示。从而创建特殊的文字效果，如图 10.5 所示。

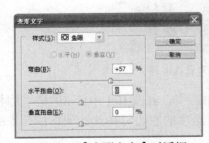

图 10.4 【变形文字】对话框

图 10.5 特殊文字效果

■ 显示/隐藏字符和段落调板 ：单击此按钮，可以显示或隐藏"字符"和"段落"调板。
■ 取消所有当前编辑 ：单击此按钮，可以取消文字的输入操作。
■ 提交所有当前编辑 ：单击此按钮，可以确定文字的输入操作。

10.2 【字符】调板

　　文字的字体、大小和颜色等都是文字的属性，设置这些属性也被称为设置字符格式。在输入文字之前，可以在工具选项栏中设置文字属性，输入文字后也可以重新设置字符属性。如果是在输入文字后更改文字属性，则必须先选中需要修改的字符，然后在调板中进行设置。

单击文字工具选项栏中的"显示/隐藏字符和段落调板"按钮 ，或者在菜单栏上选择【窗口】→【字符】命令，弹出【字符】调板，如图 10.6 所示。

■ 设置字体系列 黑体 ▼：在该选项的下拉列表中可以为字符选择一种字体。

■ 设置字体样式：在该选项的下拉列表中可以为所选字体设置一种字体样式。

■ 设置字体大小 T 400点 ▼：在该选项的下拉列表中可以为所选字符设置字体的大小，也可以输入字体大小的数值进行调整。

■ 设置行距 A 自动 ▼：各文字行之间的垂直距离称为行距。在该选项的下拉列表中可以设置行距。如图 10.7 所示的是字体大小为 40 点、行距为 30 点的文字效果，如图 10.8 所示的是字体大小为 40 点、行距为 50 点的文字效果。可以在同一段落中应用一个以上的行距量。

图 10.6 【字符】调板

图 10.7 行距为 30 点的文字

图 10.8 行距为 50 点的文字

| 提 示 |

文字行中的最大行距值决定该行的行距值。

■ 垂直缩放 IT 100%：可以设置所选字符高度的缩放比例，范围为 0%～1000%，未缩放的字符的值为 100%。

■ 水平缩放 T 100%：可以设置所选字符宽度的缩放比例，范围为 0%～1000%，未缩放的字符的值为 100%。

■ 设置所选字符的比例间距 0%：可以设置所选字符的比例间距，范围为 0%～100%。数值越高，字符的间距越小。

■ 设置所选字符的字距调整 AV 60：可以调整所选字符的字距。

■ 设置两个字符间的字距微调 度量标准：可以微调所选的两个字符之间的间距。在进行操作时先要在两个字符之间单击，放置插入点，然后在此选项中设置所需的数值。如图 10.9 所示为设置数值为−400 的文字效果（在"睡"、"莲"、"与"、"荷"、"花"之间放置了插入点），如图 10.10 所示为设置数值为 400 的文字效果。

■ 设置基线偏移 A 0点：可以控制所选字符与其基线的距离。输入正值时，横排文字上移，直排文字移向基线右侧；输入负值时，横排文字下移，直排文字移向基线左侧。

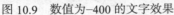

图 10.9　数值为–400 的文字效果　　　　　图 10.10　数值为 400 的文字效果

■　设置文本颜色 颜色：■■■：单击此选项右侧的颜色框，弹出【选择文本颜色：】对话框，在该对话框中可以设置文字的颜色。

■　特殊字体样式有以下几种样式：

粗体按钮 T：单击此按钮，可以将当前选定的字符设置为粗体。

仿斜体按钮 T：单击此按钮，可以将选定的字符设置为斜体。

全部大写字母按钮 TT：单击此按钮，可以将所有的英文字符设置为大写。

小型大写字母按钮 Tr：单击此按钮，可以将所有的英文字符设置为小型大写字母。

上标按钮 T¹：单击此按钮，可以将选定字符的尺寸变小，且其位置相对字体基线上升成为上标。

下标按钮 T₁：单击此按钮，可以将选定的字符的尺寸变小，且其位置相对字体基线下降成为下标。

下划线按钮 T：单击此按钮，可以在横排文字下方，或者直排文字的左侧（或右侧）放置一条直线。

删除线按钮 T：单击此按钮，可以在文字的中央应用贯穿横排文字或直排文字的直线。

■　语言 美国英语∨：对所选字符进行有关连字符和拼写规则的语言设置，Photoshop 使用语言词典检查连字符连接是否正确。

■　设置消除锯齿的方法 ªₐ无∨：在此选项下拉列表中可以选择一种消除锯齿的方法。

10.3 【段落】调板

段落是指末尾带有回车符的文字。对于点文字，每行即是一个单独的段落，对于段落文字，一段可能有多行，具体视外框的尺寸而定。使用【段落】调板可以为文字图层中选定的单个段落、多个段落或全部段落设置格式。单击文字工具选项栏中的"显示/隐藏字符和段落调板"按钮，或者在菜单栏上选择【窗口】→【段落】命令，可打开【段落】调板，如图 10.11 所示。

■　左对齐文本 ▤：单击此按钮，可以将文字左对齐，段落右端参差不齐。

■　居中对齐文本 ▤：单击此按钮，可以将文字居中对齐，段落两端参差不齐。

图 10.11　【段落】调板

- 右对齐文本：单击此按钮，可以将文字右对齐，段落左端参差不齐。
- 最后一行左对齐：单击此按钮，对齐除最后一行外的所有行，最后一行左对齐。
- 最后一行居中对齐：单击此按钮，对齐除最后一行外的所有行，最后一行居中对齐。
- 最后一行右对齐：单击此按钮，对齐除最后一行外的所有行，最后一行右对齐。
- 全部对齐：单击此按钮，对齐包括最后一行的所有行，最后一行强制对齐。
- 左缩进：横排文字从段落的左边缩进，直排文字则从段落的顶端缩进。
- 右缩进：横排文字从段落的右边缩进，直排文字则从段落的底部开始缩进。
- 首行缩进：可缩进段落中的首行文字。对于横排文字，首行缩进与左缩进有关；

对于直排文字，首行缩进与顶端缩进有关。输入为负值，可以设置首行悬挂缩进。

> **提　示**
>
> 缩进用于指定文字与外框之间或与包含该文字的行之间的间距量。缩进只影响选定的一个或多个段落。

- 段前添加空格／段后添加空格：可以调整选定段落的间距。
- 避头尾法则设置：避头尾法则用来指定亚洲文本的换行方式。不能出现在一行的开头或结尾的字符称为避头尾字符，Photoshop 提供了基于日本行业标准（JIS）X4051-1995 的宽松和严格的避头尾集。
- 间距组合设置：可以在此选项的下拉列表中选择一种段落间距的设置方式。
- 连字：选择此选项，可以在断开的单词处设置连字标记。

10.4　编　辑　文　字

10.4.1　选中文本

创建了文字后，如果想要编辑文字内容，可以选择横排文字工具 T.（也可以选择直排文字工具）。使文字图层处于工作状态，或者在文本中单击以自动选择文字图层并设置插入点，如图 10.12 所示，此时可以输入新的文字内容，如图 10.13 所示。

图 10.12　设置插入点

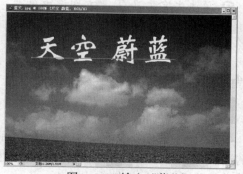

图 10.13　输入"蔚蓝"

若要修改文字内容，可以进行以下操作。

❶ 拖动鼠标选中需要修改的文字，如图 10.14 所示。

❷ 在菜单栏上选择【选择】→【全部】命令，即可选择图层中的所有文字。

图 10.14　选中需要修改的文字"天空"

10.4.2　更改文本排列方式

下面结合实例介绍如何更改文本排列方式。

❶ 打开"Sample\ch10\蓝天.jpg"文件，如图 10.15 所示。

图 10.15　蓝天

❷ 单击文字工具 T，在图像中单击，为文字设置插入点。输入文字"天空蔚蓝"

❸ 单击工具选项栏中的 T 按钮，可以改变文字的方向。如图 10.16 所示。

图 10.16　改变文字排列方向

10.4.3　将文本转换为选区

下面介绍如何将文字转换为选区。

单击 T 中的横排文字蒙版工具 或直排文字蒙版工具 时，可以创建一个文字形状的选区，如图 10.17 所示。当文字选区处于工作状态时，可以像处理任何其他选区一样对其进行移动、复制、填充或描边。

图 10.17　创建文字形选区

提　示

　　如果是使用横排文字工具 T 或直排文字工具 T 创建文字，按下 Ctrl 键后单击【图层】调板中文字图层的缩览图，如图 10.18 所示，可以将文字的选区载入图像中，如图 10.19 所示。

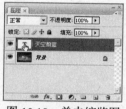　　

图 10.18　单击缩览图　　　　　　　　图 10.19　将文字的选区载入图像中

10.4.4　将文本图层转换为普通图层

　　在菜单栏上选择【图层】→【栅格化】→【文字】命令，可以将文本图层转换为普通图层，如图 10.20 所示。

图 10.20　将文本图层转换为普通图层

10.4.5　将文本图层转换为形状

　　利用【转换为形状】命令，可以制作出形状比较特殊的文字。下面介绍如何将文本图层转换为形状，具体方法如下。

❶ 使文字图层处于工作状态，如图 10.21 所示。

图 10.21　文字图层

❷ 在菜单栏中选择【图层】→【文字】→【转换为形状】命令，可以将文字转换为形状，如图 10.22 所示。

图 10.22　转换为形状后的【路径调板】

说 明

在将文字转换为形状时，文字图层将会被替换成为具有矢量蒙版的图层，矢量蒙版即形状蒙版，如图 10.23 所示。可以编辑矢量蒙版并对图层应用样式，但是无法在图层中将字符作为文本进行编辑。

图 10.23　图层调板

10.4.6　将文本图层转换为工作路径

利用【创建工作路径】命令，可以将文本直接转换为路径，对文字进行更多的编辑，制作出符合要求的字体。下面介绍如何将文本图层转换为工作路径。

❶ 使文字图层处于工作状态，如图 10.24 所示。

图 10.24　选中文字图层

❷ 在菜单栏上选择【图层】→【文字】→【创建工作路径】命令，可以基于文字创建工作路径。通过将文字字符转换为工作路径，就可将文字字符用作矢量形状，或者进行编辑，进而创建变形文字。如图 10.25 所示。

图 10.25　创建工作路径后的【路径】调板

10.4.7 将文本层栅格化

Photoshop 中的一些命令和工具不能用于文字图层。例如各种滤镜、绘画工具和各种调整命令。若要对文字图层执行这些操作，则必须在应用命令或使用工具之前栅格化文字。下面介绍如何将文本层栅格化。

❶ 使文字图层处于工作状态，如图 10.26 所示。

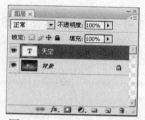

图 10.26 选中文字图层

❷ 在菜单栏上选择【图层】→【栅格

化】→【文字】命令，可以栅格化文字图层，如图 10.27 所示。

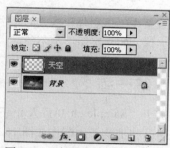

图 10.27 栅格化文字后的图层

10.5 扭曲变形文字

对文字进行变形可以创建特殊的文字效果，例如可以使文字的形状变为扇形或者波浪状。变形样式是文字图层的一个属性，而且可以随时更改或者取消。下面介绍如何扭曲变形文字。

在【图层】调板中选择要进行应用变形的文字图层。选择文字工具 [T]，然后单击工具选项栏中的创建文字变形 [工] 按钮，或者在菜单栏中选择【图层】→【文字】→【文字变形】命令，打开【变形文字】对话框，如图 10.28 所示。

下面简要介绍【变形文字】对话框中各选项的作用。

■ 样式：用于选择哪种风格的变形。单击右侧三角 [▾] 按钮，可弹出样式风格菜单，共提供 15 种风格，分别是：扇形、上弧、下弧、拱起、凸起、贝壳、花冠、旗帜、波浪、鱼形、增加、鱼眼、膨胀、挤压、扭转。如果选择"无"，则可以取消对文字的变形。如图 10.29 所示是选择"上弧"样式的效果。

■ 水平/垂直：选择"水平"，可以将变形效果设置为水平方向；选择"垂直"，则可以将变形效果设置为垂直方向。

■ 弯曲：可以调整对图层应用的变形程度。

■ 水平扭曲/垂直扭曲：拖动"水平扭曲"和"垂直扭曲"滑块，或者输入相应的数值，可以控制对变形应用透视效果。

图 10.28 【变形文字】对话框

图 10.29 选择"上弧"样式

| 提 示 |

设置了"仿粗体"格式的文字图层不能变形功能，使用不包含轮廓数据的字体（如位图字体）的文字图层也不能应用变形功能。

| 练一练 |

打开"Sample\ch10\蓝天.jpg"文件，利用文字工具输入文字"天空蔚蓝"，然后对文字进行扭曲变形，制作如图 10.30 所示的效果。

图 10.30 扭曲变形文字

10.6 沿路径绕排文字

10.6.1 沿路径绕排文字

沿路径绕排文字是指在开放或封闭的路径上创建文字，移动路径或修改路径的形状时，文字将会适应新的路径位置或形状。当沿水平方向输入文本时，字符将沿着与基线垂直的路径出现；当沿垂直方向输入文本时，字符将沿着与基线水平的路径出现。下面详细介绍如何创建沿路径绕排文字。

❶ 打开"Sample\ch10\沙漠.jpg"文件，选择钢笔工具，在钢笔工具选项栏中选

择 在图像上绘制路径。如图 10.31 所示。

图 10.31　绘制路径

❷ 单击文字工具 T ，在工具选项栏中设定文字的属性。如图 10.32 所示。

图 10.32　文字工具选项栏

❸ 将光标放置在所绘制的路径上，单击并输入文字。如图 10.33 所示。

图 10.33　输入文字

图 10.34　单击路径上的锚点

❹ 输入的文字将会生成一个新的文字图层。

❺ 在路径上输入文字后，还可以对路径进行编辑。选择直接选择工具 ▶ 。

❻ 单击路径上的锚点，如图 10.34 所示，然后改变路径的形状，文字会在修改后的路径上排列，如图 10.35 所示。

图 10.35　改变路径形状

10.6.2　在路径上移动或翻转文字

当创建路径文字后，还可以通过调整路径来对文字进行调整。下面介绍如何移动与翻转路径上的文字。

❶ 选择路径选择工具 ▶ 或直接选择工具 ▶。

❷ 将光标放到路径上，单击并沿路径拖动文字可以移动路径上的文字，如图 10.36 所示。

❸ 单击并朝路径的另一侧拖动文字，可以将文字翻转到路径的另一侧，如图 10.37 所示。

图 10.37　翻转路径上的文字

图 10.36　移动路径上的文字

10.7　典型实例——路径文字

1. 实例预览

实例处理前后的效果分别如图 10.38 与图 10.39 所示。

图 10.38　处理前

图 10.39　处理后

2. 实例说明

主要工具或命令：钢笔工具、文本工具、选择工具等。

3. 实例操作步骤

第 1 步：创建工作路径。

❶ 打开"Sample\ch10\月季.jpg"文件，如图 10.40 所示。

图 10.40　月季

图 10.41　创建路径

❷ 选择钢笔工具 ，在钢笔工具选项栏中选择按钮 ，并在图像上绘制路径，如图 10.41 所示。

❸ 选择直接选择工具 ，单击路径上的锚点，然后调整路径的形状，如图 10.42 所示。

图 10.42　调整路径形状

第 2 步：输入文字。

❶ 单击文字工具 T，在工具选项栏中设定文字的属性。如图 10.43 所示。

图 10.43　工具选项栏文字的属性

❷ 将光标放置在所绘制的路径，单击，然后输入文字。最终效果如图 10.44 所示。

图 10.44　最终效果

4. 实例总结

本实例主要运用钢笔工具、文本工具、选择工具来制作图片，通过设置路径的形状，为图片添加路径文字效果。

10.8　本 讲 小 结

　　Photoshop 的文字工具功能强大，已经接近矢量绘图软件中的文字工具的功能，可以更方便快捷地处理文字，设计出更灵活多变的文字排列效果。

10.9　思考与练习

1．选择题。
（1）绘制路径应选择（　　　）工具。
　　　A．铅笔　　　B．钢笔　　　　　C．喷枪　　　　　　D．图章
（2）单击（　　　）按钮，可以将水平方向的文字更改为垂直方向。
　　　A． 　　　B． 　　　　　C． 　　　　　　D．

2．判断题。
（1）"鱼眼"选项存在于"样式"下拉列表中。　　　　　　　　　　　（　　　）
（2）在图层调板中，输入的文字可以自动生成一个新的图层。　　　（　　　）

3．上机操作题。
打开"Sample\ch10\月季.jpg"文件，利用路径创建文字。如图 10.45 所示效果。

图 10.45　创建路径文字

第**11**讲 通道和蒙版

▶ **本讲要点**

- 了解快速蒙版的概念和特征
- 掌握图层蒙版的使用方法
- 了解不同通道的类型和用途
- 使用"通道"调板创建和管理通道

▶ **快速导读**

通道和蒙版是 Photoshop 中最重要的调板之一。本讲主要介绍了通道和蒙版的用法，重点是分离和合并通道，以及编辑通道。难点是编辑通道。

11.1 通 道 概 览

11.1.1 通道调板的组成元素

　　在菜单栏中选择【窗口】→【通道】命令，弹出调板，如图 11.1 所示。【通道】调板
列出了图像中的所有通道，通道内容的缩览图显示在通道名称的左侧，在编辑通道时缩览
图会自动更新。

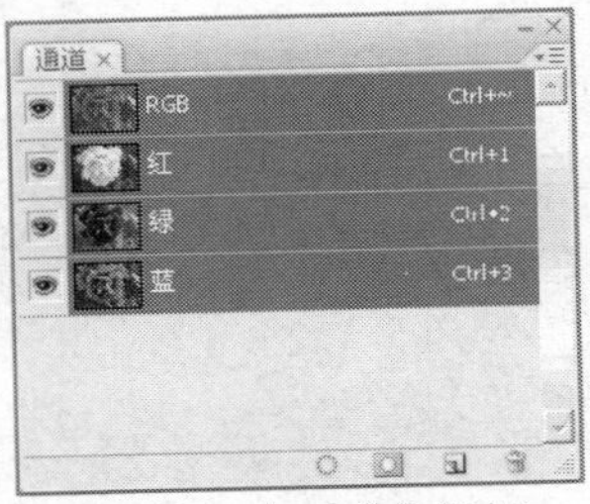

　　下面简要介绍【通道】调板的作用。

　　■　复合通道：对于 RGB、CMYK 和 Lab 图像，【通道】
调板中最先列出的是复合通道，它是由各个颜色通道合并而成
的通道。在复合通道下可以预览所有的颜色通道，编辑复合通
道也将同时编辑所有的颜色通道。

　　■　图层蒙版通道：创建图层蒙版时，在【通道】调板中会
创建一个通道用于保存图层蒙版。

图 11.1 【通道】调板

　　■　快速蒙版通道：在快速蒙版编辑状态下，【通道】调板中可以创建临时的快速蒙版
通道。

　　■　将通道作为选区载入 ○ ：单击此按钮，可以载入当前通道中的选区。

　　■　将选区存储为通道 ▣ ：单击此按钮，可以将图像中创建的选区保存为 Alpha 通道。

　　■　创建新通道 ▫ ：单击此按钮，可以创建一个新的 Alpha 通道。

　　■　删除当前通道 🗑 ：单击此按钮，可以删除当前选择的通道，但不能删除复合通道。

11.1.2 通道的主要用途

　　通道主要用于存储不同类型信息的灰度图像。Photoshop 中包含 3 种类型的通道，即颜
色通道、Alpha 通道和专色通道。颜色通道保存了图像的颜色信息，Alpha 通道用来保存选
区，专色通道用来存储专色。可以像编辑任何其他图像一样使用绘画工具、编辑工具和滤
镜对通道进行编辑。

11.2 通道的操作

11.2.1 创建新通道

　　单击【通道】调板中的创建新通道按钮 ▫ ，即可新建一个 Alpha 通道。如图 11.2 所
示。如果在图像中创建了选区，单击将选区存储为通道 ▣ 按钮，可以将选区存储为 Alpha
通道。将选区存储为 Alpha 通道时，原选区将填充白色，原选区外则将填充黑色，羽化的

区域将填充灰色，如图 11.3 所示。

图 11.2　新建 Alpha 通道

图 11.3　将选区存储为通道

11.2.2　复制和删除通道

1. 复制通道

在【通道】调板中，将需要复制的通道拖动到调板底部的创建新通道按钮 上，如图 11.4 所示。此时就复制了此通道，如图 11.5 所示。

图 11.4　选中需要复制的通道

图 11.5　复制通道

如果要在图像之间复制 Alpha 通道，可在【通道】调板中选中要复制的通道，然后右键单击选择【复制通道】命令，弹出【复制通道】对话框，如图 11.6 所示。在【文档】选项下拉列表中选择"月季"。（注：只有与当前图像具有相同像素尺寸的打开的图像才可用）。如果要在同一文件中复制通道，选择【新建】选项，并在【名称】文本框中设置所要创建的图像文件名称，可将通道复制到一个新建的图像中，这样将创建一个包含单个通道的多通道图像。如果要反转复制的通道中选中并蒙版的区域，可以选择【反相】选项。在【复制通道】对话框中设置好选项后，单击 确定 按钮，即可复制通道。

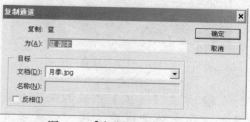

图 11.6　【复制通道】对话框

如果要复制另一个图像中的通道，可在【通道】调板中选中要复制的通道。然后将该通道从【通道】调板拖动到目标图像窗口，复制的通道即会出现在【通道】调板的底部。

> **提示**
>
> 采用此方法复制通道时，目标图像不必与所复制的通道具有相同的像素尺寸。

2．删除通道

在【通道】调板中选择一个通道，执行下列任一种操作即可删除此通道。

（1）按住 Alt 键单击删除当前通道按钮 🗑 。

（2）将调板中的通道名称拖动到删除当前通道按钮 🗑 上。

（3）在【通道】调板中选中一个通道，右键单击，在弹出的快捷菜单中选择"删除通道"命令。

（4）选中要删除的通道，再单击调板底部的删除当前通道按钮 🗑 ，然后在弹出的对话框中单击 是(Y) 按钮。

11.2.3　分离和合并通道

1．分离通道

使用"分离通道"命令可以将通道分离为单独的灰度图像文件，当需要在不能保留通道的文件格式中保留单个通道信息时，分离通道这一功能非常有用。下面以一个实例介绍如何分离通道。

❶ 打开"Sample\ch11\月季.jpg"文件，如图 11.7 所示。

图 11.7　月季

❷ 单击【通道】调板右侧的小黑三角，在弹出的调板中选择"分离通道"命令，即可分离通道。执行此命令，原文件被关闭，单个通道出现在单独的图像窗口中，新窗口中的标题栏显示了原文件名和通道名，可以分别存储和编辑新图像。如图 11.8 所示是分离通道后的各个通道。分离通道后的【通道】调板

如图 11.9 所示。

红色通道

蓝色通道

绿色通道

图 11.8 分离通道后的各个通道

图 11.9 分离通道后的【通道】调板

2. 合并通道

使用"合并通道"命令可以将多个灰度图像合并为一个图像的通道。要合并的图像必须是具有灰度模式的，并且已经被拼合（没有图层）为具有相同的像素尺寸，而且处于打开状态的图像。已打开的灰度图像的数量决定了合并通道时可用的颜色模式。例如，如果打开了 3 个图像，可以将它们合并为一个 RGB 图像；如果打开了 4 个图像，则可以将它们合并为一个 CMYK 图像。下面使用"合并通道"命令合并前面分离的通道。

❶ 单击【通道】调板右侧的小三角，在弹出的下拉菜单中选择【合并通道】命令，弹出【合并通道】对话框，如图 11.10 所示。在"模式"下拉列表中选择合并通道后图像的模式，适合此模式的通道数量出现在"通道"文本框中，如有必要，也可在"通道"文本框中输出一个数值。如果输出的通道数量与选择的模式不兼容，则将自动选中多通道模式，这将创建一个具有多个通道的多通道图像。

图 11.10 【合并通道】对话框

❷ 单击 确定 按钮，弹出合并多通道对话框（这里是【合并 RGB 通道】对话框）。在该对话框中可以指定红色、绿色和蓝色通道所使用的图像文件，如图 11.11 所示。

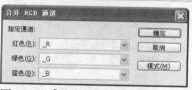

图 11.11 【合并 RGB 通道】对话框

❸ 选择通道后，单击 确定 按钮，选中的通道将合并为指定类型的新图像，原图像则在不做任何更改的情况下关闭。新图像出现在未命名的窗口中，如图 11.12 所示。

图 11.12 合并通道后的新图像

11.2.4 编辑通道内容

蒙版存储在 Alpha 通道中。蒙版和通道都是灰度图像，因此可以使用绘画工具、编辑工具和滤镜像对它们进行编辑。在蒙版上用黑色绘制的区域将受到保护，而蒙版上用白色绘制的区域则是可编辑区域。

要编辑某个通道，可选择该通道，然后使用绘画或编辑工具在图像中绘画。一次只能在一个通道上绘画。用白色绘画可以按 100%的强度添加选中通道的颜色。用灰度值绘画可以按较低的强度添加通道的颜色。用黑色绘画可完全删除通道的颜色。

11.3 蒙版与 Alpha 通道

11.3.1 创建快速蒙版

下面以一个实例说明如何创建快速蒙版。

❶ 打开 "Sample\ch11\花苞.jpg" 文件，并在图像中创建选区，如图 11.13 所示。

图 11.13 图像中创建选区

❷ 单击工具箱中的以快速蒙版模式编辑按钮 ⊡，或者按下 Q 键，可以进入快速蒙版模式编辑状态，图像窗口的标题栏将出现 "快速蒙版" 字样。如图 11.14 所示。

❸ 在快速蒙版状态下，原先的选区不见了，原选区以外的图像上被覆盖了一层半透明的红色。打开【通道】调板可以看

到，调板中出现了一个临时的快速蒙版通道，如图 11.15 所示。

图 11.14 进入快速蒙版模式编辑状态

图 11.15 【通道】调板中出现的快速蒙版通道

11.3.2 蒙版转换为通道

将蒙版转换为通道是指将临时蒙版转换为永久性的 Alpha 通道。当用户基于选区创建图层蒙版时将在【通道】调板中临时生成一个蒙版。

在【通道】调板中，按下 Ctrl 键的同时单击临时蒙版可载入临时蒙版所在的选区，此时可将该选择区存储为一个 Alpha 通道，即将临时通道转换为便于管理和使用的 Alpha 通道。在 Photoshop 中，除了在创建图层蒙版时会生成临时蒙版，在选择区的快速蒙版编辑状态以及创建填充图层或调整图层后也会自动生成临时蒙版，可使用上述方法将其转换为 Alpha 通道。

11.3.3 通道转换为蒙版

通道转换为蒙版是指基于通道所在的选区创建图层蒙版，使用该方法能十分简单地获得良好的图像混合效果。下面以一个实例介绍如何将通道转换为蒙版。

❶ 打开 "Sample\ch11\杯子.psd" 文件。如图 11.16 所示。在【图层】调板中可以看到该图像由 2 个图层组成，如图 11.17 所示。

图 11.16　杯子

图 11.17　"杯子" 的图层调板

❷ 在如图 11.18 所示的图层调板中隐藏背景图层并将【图层 1】设置为当前图层，

然后在【通道】调板中复制通道 "红"，如图 11.19 所示。

图 11.18　隐藏 "背景层"

图 11.19　在通道调板中复制通道 "红"

❸ 在【通道】调板中，选中通道 "红副本" 为当前通道，在菜单栏中选择【图像】→【调整】→【色阶 L】命令，在弹出的【色阶】对话框中进行如图 11.20 所示的参数设置。单击 确定 按钮。

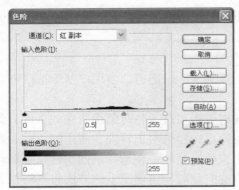

图 11.20 【色阶】对话框

❹ 在菜单栏中选择【图像】→【调整】→【亮度/对比度】，在弹出的【亮度/对比度】对话框中进行如图 11.21 所示的参数设置。单击 确定 按钮。

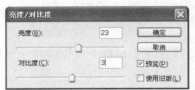

图 11.21 【亮度/对比度】对话框

❺ 按下 Ctrl 键的同时单击【通道】调板中的"红副本"通道，目的是载入该通道所在的选择区，如图 11.22 所示。

图 11.22 载入"红副本"所在的选择区

❻ 在如图 11.23 所示的【通道】调板中返回复合通道，在图层调板中显示背景层，如图 11.24 所示。此时图像的效果将如图 11.25 所示。

图 11.23 【通道】调板

图 11.24 显示"背景层"

图 11.25 图像效果

❼ 在图像中，确定选择区存在而且"图层 1"为工作图层，单击图层调板下方的 按钮，如图 11.26 所示。此时可创建基于当前选择区的图层蒙版，如图 11.27 所示。图像的最终效果如图 11.28 所示。

图 11.26 添加蒙版

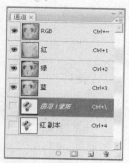

图 11.27　【通道】调板

图 11.28　最终效果

练一练

　　打开"Sample\ch11\房子.psd"文件和"Sample\ch11\夕阳.psd"文件。利用蒙版将图像处理为如图 11.29 所示的效果。

图 11.29　合成效果

11.4　图层蒙版

11.4.1　图层蒙版的作用

　　图层蒙版是一种灰度图像，它可以隐藏全部或部分图层内容，显示下面图层的内容。图层蒙版在图像合成中非常有用，也可以灵活地应用于颜色调整、滤镜和指定的选择区域等。图层蒙版对图层的影响是非破坏性的，这表示以后可以返回并重新编辑蒙版，而不会丢失被蒙版隐藏的像素。

11.4.2　添加和删除图层蒙版

　　在添加图层蒙版时，需要确定是要隐藏还是显示所有图层。也可以在创建蒙版之前建立一个选区，通过选区使创建的图层蒙版自动隐藏部分图层内容。

1. 添加显示或隐藏整个图层内容的蒙版

在图层调板中，选择图层或图层组，可以执行下列一种操作。

（1）要创建显示整个图层的蒙版，可在图层调板中单击添加图层蒙版按钮 ，或者在菜单栏中选择【图层】→【图层蒙版】→【显示全部】命令，如图 11.30 所示。

（2）要创建隐藏整个图层的蒙版，可按下 Alt 键单击添加图层蒙版按钮，或在菜单栏中选择【图层】→【图层蒙版】→【隐藏全部】命令，如图 11.31 所示。

图 11.30　创建显示整个图层的蒙版

2. 添加隐藏部分图层内容的图层蒙版

在图层调板中，选择图层或图层组。在图像中创建选区，如图 11.32 所示，然后执行下列一种操作。

图 11.31　隐藏整个图层的蒙版

图 11.32　在图像中创建选区

（1）在图层调板中单击添加图层蒙版按钮 ，可以创建显示选区内图像的蒙版，选区以外的图像将被蒙版隐藏，如图 11.33 与图 11.34 所示。

图 11.33　添加图层蒙版

图 11.34　添加图层蒙版的效果

（2）按下 Alt 键单击添加图层蒙版按钮 ，可以创建隐藏选区图像的蒙版。

（3）在菜单栏中选择【图层】→【图层蒙版】→【显示选区/隐藏选区】命令，可以创建显示选区内图像或隐藏选区内图像的蒙版。

3. 应用另一个图层中的图层蒙版

在【图层】调板中，将一个图层的蒙版拖动到其他图层，可以将此蒙版移动到另一个图层。如图 11.35 所示，如果按下 Alt 键将蒙版拖动到另一个图层，则可以复制图层蒙版，如图 11.36 所示。

图 11.35　未拖动前后

图 11.36　复制图层蒙版

提 示

　　要在背景图层中创建图层或是矢量蒙版，则需要先将背景图层转换为普通图层，可以在菜单栏中选择【图层】→【新建】→【背景图层】命令，在弹出的【新建图层】对话框中做如图 11.37 所示的设置后。单击 确定 按钮。

图 11.37　【新建图层】对话框

　　如果要删除图层蒙版，单击图层调板中的蒙版缩览图，然后单击图层调板底部的删除图层按钮 。弹出如图 11.38 所示的对话框。

　　如果要删除该图层蒙版，并将蒙版应用于图层，可单击 应用 按钮。将图层蒙版应用到图层时，可以永久删除图层的隐藏部分。如果要删除图层蒙版，但不将其应用于图层，可单击 删除 按钮。删除蒙版后，可恢复图像但不会删除隐藏的部分。

图 11.38　删除图层对话框

11.4.3　隐藏和启用图层蒙版

　　选择停用图层蒙版的图层，然后在菜单栏中选择【图层】→【图层蒙版】→【启用】命令，或者按住 Shift 键直接单击图层调板中的图层蒙版缩览图，可以重新启用图层蒙版。

11.5　典型实例——制作卡片

1. 实例预览

实例处理前后的效果分别如图 11.39 与图 11.40 所示。

图 11.39　处理前

图 11.40　处理后

2. 实例说明

主要工具或命令：自定义形状工具、文字工具等。

3. 实例步骤

第 1 步：新建文件。

❶ 单击【文件】→【打开】命令。

❷ 打开 "Sample\ch11\儿童.psd" 文件。如图 11.39 所示。

第 2 步：创建自定义形状。

❶ 设置前景色为黑色，新建【图层 1】图层，选择自定形状工具，并在其属性栏上单击填充像素按钮，单击形状按钮，在弹出的下拉框中选择 "水渍形 1"。

❷ 在画面中拖动光标绘制该形状。如图 11.41 所示。

图 11.41　绘制形状

第 3 步：创建文字。

❶ 选择工具箱中横排文字蒙版工具，在画面中输入 "快乐童年"，设置字体为隶书，并创建文字选区。如图 11.42 所示。

图 11.42　快乐童年

❷ 按下 Alt+Delete 组合键填充前景色，再按下 Ctrl+D 组合键取消选区。如图 11.43 所示。

图 11.43　取消选区

第 4 步：调整图层。

❶ 在图层调板上将 "图层 0" 移至 "图层 1" 图层的上方，选择 "图层 0" 图层，如图 11.44 所示。在菜单栏中选择【图层】→

【创建剪贴蒙版】命令，为其创建一个剪贴蒙版。一张简单的卡片就制作好了，效果如图 11.40 所示。

图 11.44 调整图层

4. 实例总结

本实例通过运用自定义形状工具与文字工具制作图片，通过新建与设置图层等操作，为图片添加文字及其他效果。

11.6 本讲小结

通道和蒙版两个功能联系比较紧密，在学习过程中要注意将它们结合起来学习。不同模式的图像，通道的数量也是不一样的，通道的数量决定着图像的大小。读者可通过实践多体会。

11.7 思考与练习

1. 选择题

（1）图层蒙版是一种（   ）图像。

    A. 灰度   B. RGB   C. CMYK   D. Lab

（2）创建新通道的图标是（   ）。

    A.   B.   C.   D.

2. 判断题

（1）图层蒙版建立后就不能删除。   （   ）

（2）在图层蒙版上涂抹黑色，图层上的像素就会被隐藏。   （   ）

3. 上机操作题

利用蒙版绘制出如图 11.45 所示的效果。

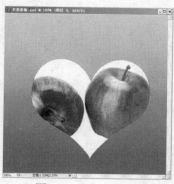

图 11.45 矢量蒙版

第 **12** 讲 形状与路径

▶ 本讲要点

- 掌握形状图层工具的使用方法
- 掌握形状的编辑方法
- 掌握路径工具的分类及其应用

▶ 快速导读

本讲介绍了形状工具的使用方法、形状的编辑方法、路径工具的使用方法等。重点是图层的形状工具、路径工具的使用；难点是路径工具的使用。通过本讲学习，读者可以灵活地编辑路径与形状，从而更有效地利用编辑好的路径与形状。

12.1 形 状 工 具

Photoshop 提供了 6 种形状工具，包括矩形工具▣、圆角矩形工具▣、椭圆工具◯、多边形工具◯、直线工具╲和自定义形状工具▨。使用它们可以直接绘制出方形、圆形、多边形，以及自定义的各种形状。

12.1.1 绘制矩形和圆角矩形

在工具箱中选择矩形工具▣和圆角矩形工具▣，在画面中可以绘制矩形和圆角矩形。

1. 绘制矩形

使用矩形工具▣可以绘制矩形和正方形。选择此工具后，在画面中单击并拖动鼠标即可创建矩形，如图 12.1 所示。

> **提 示**
>
> 按住 Shift 键拖动鼠标可以绘制正方形；按住 Alt 键拖动鼠标则以单击点为中心向外绘制矩形；按住 Alt + Shift 键拖动鼠标则以单击点为中心向外绘制正方形。

选择矩形工具▣，单击工具选项栏中的自定形状按钮▨右侧的▾，可以打开矩形选项下拉调板，如图 12.2 所示。

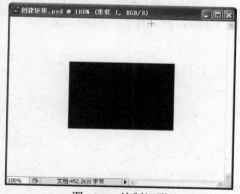

图 12.1 绘制矩形

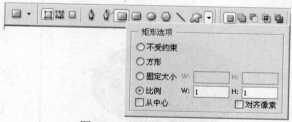

图 12.2 矩形选项下拉调板

下面简要介绍该下位调板。

（1）不受约束：选择此选项，可以创建任意大小的矩形，即正方形、矩形的宽度和高度不会受限制。

（2）方形：选择此选项，可以创建任意大小的正方形。

（3）固定大小：选择此选项，可以在它右侧的"W"文本框中输入矩形的宽度，在"H"文本框中输入矩形的高度，然后只需在画面中单击鼠标即可按照所设置的尺寸创建矩形。

（4）比例：选择此选项，可以在它右侧的"W"和"H"文本框中分别输入矩形宽度与高度的比例，此后创建任意大小的矩形时，矩形的宽度和高度都保持此比例。

（5）从中心：选择此选项，鼠标的单击点为矩形的中心，可以从中心向外创建矩形。

（6）对齐像素：选择此选项，可以将矩形的边缘对齐到像素的边缘，使图形的边缘保持清晰，取消此选项时，矩形边缘会出现模糊。

2．绘制圆角矩形

使用圆角矩形工具 可以绘制圆角矩形。圆角矩形的创建方法与矩形的创建方法相同。如图 12.3 所示为圆角矩形的工具选项栏，它的选项与矩形工具的基本相同，只是多了一个"半径"选项。在其中输入数值可以设置圆角矩形的圆角半径，此值越高，圆角越大。

图 12.3　圆角矩形选项栏及其下位调板

12.1.2　绘制椭圆和圆

使用椭圆形工具 可以创建椭圆形和圆形。选择此工具后，在画面中单击并拖动鼠标即可创建椭圆形，如图 12.4 所示。

选择椭圆形工具 ，单击工具选项栏中的自定形状按钮 右侧的 ，可以打开椭圆选项下拉调板，如图 12.5 所示。它的选项设置与矩形工具的基本相同。

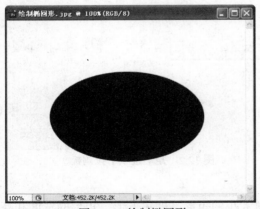

图 12.4　绘制椭圆形

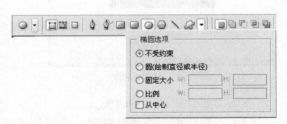

图 12.5　椭圆形选项栏及其下位调板

> ## 提 示
>
> 按住 Shift 键拖动鼠标可以绘制圆形；按住 Alt + Shift 键拖动鼠标则以单击点为中心向外绘制正圆形。

12.1.3　绘制多边形

使用多变形工具 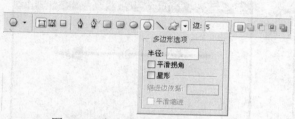 可以绘制多边形。选择此工具后，在画面中单击并拖动鼠标即可按照预设的选项绘制多边形。如图 12.6 所示为多边形工具的工具选项栏。在"边"的选项中可以设置多边形的边数，范围 3～100。如图 12.7 所示是设置此值为 5 所绘制的多边形。

图 12.6　多边形选项栏及其下位调板

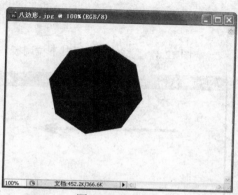

图 12.7　八边形

下面简要介绍多边形选项的下拉调板。

（1）半径：用来设置多变形的外接圆的半径。

（2）平滑拐角：选择此选项，可绘制具有平滑拐角的多边形。

（3）星形：选择此选项，可以对多边形的边进行缩进从而使之成为星形。选中"星形"选项，将激活"缩进边依据"和"平滑缩进"选项。

（4）缩进边依据：用来设置图形缩进边所用的百分比。

（5）平滑缩进：选择此选项，可以用平滑缩进渲染多边形。

12.1.4　绘制直线

使用直线工具 \ 可以绘制直线和带有箭头的直线。选择此工具后，在画面中单击并拖动鼠标即可按照预设的选项绘制直线，如果按住 Shift 键拖动则可以将直线的角度限制为 45° 的倍数。如图 12.8 所示为直线工具的工具选项栏及其下拉调板。在其"粗细"选项中可以设置直线的宽度。

下面简要介绍直线选项下拉调板。

（1）起点：选择此选项，可在直线的起点添加箭头。

（2）终点：选择此选项，可在直线的终点添加箭头。

（3）宽度：用来设置箭头的宽度与直线宽度的百分比，范围为 10%～1000%。

（4）长度：用来设置箭头的长度与直线长度的百分比，范围为 10%～5000%。

（5）凹度：用来设置箭头中央的凹陷程度与直线粗细的百分比，范围为-50%～50%。

不同的设置绘制出来的直线及箭头效果分别如图 12.9～图 12.11 所示。

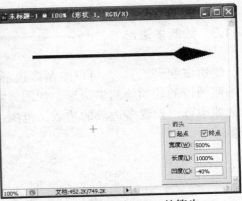

图 12.8 直线选项栏及其下拉调板

图 12.9 凹度为-40%的箭头

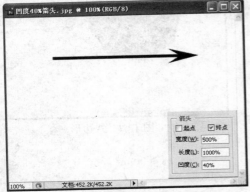

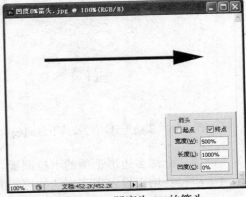

图 12.10 凹度为 40%的箭头

图 12.11 凹度为 0%的箭头

12.1.5 绘制自定义形状

使用自定义形状工具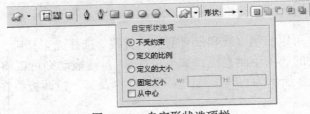可以绘制 Photoshop 中预设的形状，例如箭头、标识、指示牌等。如图 12.12 所示为自定义形状工具的工具选项栏及其下拉调板。

图 12.12 自定形状选项栏

下面简要介绍其下拉调板。

（1）不受约束：选择此选项，可以随意绘制形状大小。

（2）定义的比例：选择此选项，按自定义形状本来的大小比例进行绘制。

（3）定义的大小：选择此选项，在画面中单击，将直接创建当前自定义形状工具本来大小的形状。

"固定大小"与"从中心"这两个选项的使用方法和矩形工具的相同。

12.2　形状的编辑

在 Photoshop 中通过编辑形状的填充图层，可以更改填充的轮廓、颜色或图案，并对图层应用样式。

12.2.1　变换与更改形状

对形状层的编辑实际上就是对路径的编辑。使用路径选择工具↖选中一条或者整个路径，然后在菜单栏中选择【编辑】→【自由变换路径】命令或者【编辑】→【变换路径】命令中的子菜单项，可以对一个形状或者整个形状层进行变换和自由变换。

在菜单栏中选择【图层】→【更改图层内容】菜单项，可以利用弹出的子菜单更改形状层的填充内容、色调、亮度、对比度、色相与饱和度等。

12.2.2　形状的运算

形状工具属性栏中的形状运算按钮组包括创建新的形状图层按钮▣、添加到形状区域按钮▣、从形状区域减去按钮▣、交叉形状区域按钮▣和重叠形状区域除外按钮▣。如图 12.13 所示。

图 12.13　形状属性栏

（1）创建新的形状图层：在工具箱中选择自定义形状工具▣，在属性栏中单击创建新的形状图层按钮▣，可以创建一个新的形状图层。如图 12.14 所示。

（2）添加到形状区域：在工具箱中选择自定义形状工具▣，在属性栏中单击添加到形状区域按钮▣，可以将新的区域添加到现有的形状中。如图 12.15 所示。

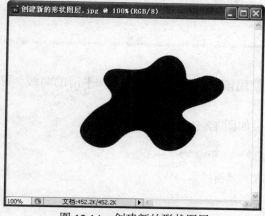

图 12.14　创建新的形状图层

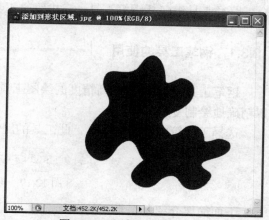

图 12.15　添加到形状区域中

（3）从形状区域减去：在工具箱中选择自定义形状工具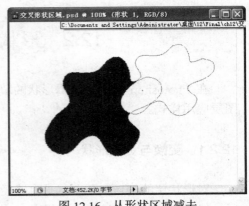，在属性栏中单击从形状区域减去按钮，可将新的区域从现有形状中减去。如图 12.16 所示。

（4）交叉形状区域：在工具箱中选择自定义形状工具，在属性栏中单击交叉形状区域按钮，只保留第 2 次绘制的形状与原形状相交的区域。如图 12.17 所示。

（5）重叠形状区域除外：在工具箱中选择自定义形状工具，在属性栏中单击重叠形状区域除外按钮，可以从新区域和现有区域的合并区域中排除重叠区域。如图 12.18 所示。

图 12.16　从形状区域减去

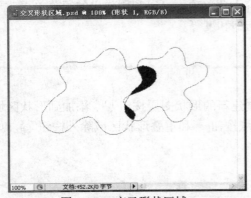

图 12.17　交叉形状区域

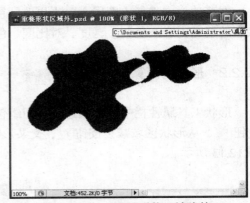

图 12.18　重叠形状区域除外

12.3　路　径　工　具

路径是由线条及其包围的区域组成的矢量轮廓，是选择图像和精确绘制图像的重要媒介。路径工具组包括钢笔工具、自由钢笔工具、添加锚点等。

12.3.1　钢笔工具的使用

钢笔工具：具有最高精度的绘图工具。使用该工具可以创建直线和平滑的曲线，可以精确地绘制复杂的图形。

选择工具箱中的钢笔工具，此工具的属性栏如图 12.19 所示。

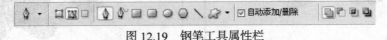

图 12.19　钢笔工具属性栏

下面简要介绍几个常用的工具选项。

（1）形状图层按钮：单击此按钮，工具属性栏如图 12.20 所示。

图 12.20　选择形状图层的工具属性栏

在图像窗口中创建路径时会同时创建一个形状图层，并在闭合的路径区域中填入前景色或者设定的样式。

（2）路径按钮：单击此按钮，在图像窗口中创建路径，此时只能绘制路径。

（3）填充像素按钮：只有在单击形状工具按钮时才能够运用。单击此按钮可以直接在图像中绘制，其功能与绘画工具的类似。

（4）几何选项按钮：单击此按钮，可以打开【钢笔选项】面板。如图 12.21 所示。

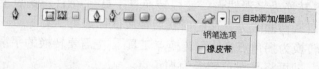

图 12.21　钢笔选项面板

如果选中"橡皮带"，在绘制路径的过程中可以预览路径；如果不选中此选项，则只能在单击时才会出现新的路径。

（5）自动添加/删除：选中此选项，然后将鼠标指针移动到绘制的路径上，可以添加或者删除锚点。

（6）路径交叠按钮组：可以选择一种建立路径的方式。其作用与形状运算方式的基本相同。

12.3.2　自由钢笔工具的运用

自由钢笔工具：用于随意画图，就像用铅笔在纸上绘图一样。使用该工具在图像中拖动鼠标时，会有一条路径尾随光标，释放鼠标按键，工作路径即创建完毕。Photoshop 会自动在光标经过处生成路径和锚点，因此，无需确定锚点位置，完成路径后还可以进一步对其进行调整。

12.3.3　添加和删除锚点

选择工具箱中的添加锚点工具，可以在现有的工作路径上单击即可添加锚点；选择工具箱中的删除锚点工具，可以在现有的锚点上单击即可删除锚点。

（1）添加锚点工具：选择该工具后将鼠标指针放在要添加锚点的路径上，鼠标指针的旁边会出现加号，然后单击即可在现有的路径上添加锚点。

（2）删除锚点工具：选择该工具后将鼠标指针放在要删除锚点的路径上，鼠标指针的旁边会出现减号，然后单击即可在现有的路径上删除锚点。

> ┃ 提　示 ┃
>
> 添加锚点可以增强对路径的控制，也可以扩展开放路径。但最好不要添加多余的点。点数较少的路径更易于编辑、显示和打印。可以通过删除不必要的点来降低路径的复杂性。

12.3.4 转换点工具

转换点工具 主要用于调整绘制好的路径。将鼠标指针放在要更改的路径的锚点上单击可以转换锚点的类型，可以分为以下两种情况。

（1）在平滑点和直角点之间的转换：路径通常分为直线路径和曲线路径两种，直线路径和曲线路径分别由直角锚点和平滑锚点连接而成。

■ 将平滑锚点转换为直角锚点：使用转换点工具 在需要转换的平滑锚点上单击即可。

■ 将直角锚点转换为平滑锚点：使用转换点工具 在直角锚点上单击并向外拖动，使方向线出现，然后调整曲线为合适的形状后释放鼠标即可。

（2）将平滑点转换为拐角点：使用转换点工具 在需要转换的平滑锚点的方向点上按住鼠标左键并拖动，即可将平滑点转换为拐角点。

12.3.5 路径选择和直接选择工具

在工具箱中使用路径选择工具和直接选择工具，可以移动和调整绘制好的路径。

（1）路径选择工具 ：用于选择整个路径。

（2）直接选择工具 ：用于选择曲线段中的锚点，通过控制锚点、方向线和方向来改变曲线段的形状。

12.4 路径的运用

路径的运用包括路径与选区的转换、路径填充和路径描边等操作。在创建路径后，可以将路径转换为选区，也可以对路径进行填充和描边，或者通过剪贴路径输出带有透明背景的图像。

12.4.1 填充路径

填充路径与填充选区一样，即在路径内填充颜色或图案。下面通过实例讲解。

❶ 在菜单栏中选择【文件】→【新建】命令，新建宽度与高度均为 10cm，分辨率为 72，背景色为白色的文件。

❷ 在图层调板中单击新建图层按钮 ，新建图层。

❸ 在工具箱中选择自定义形状工具 ，选择 形状，选择路径按钮 。绘制路径如图 12.22 所示。

❹ 在工具箱中单击 工具，设置前景色为黑色，单击【路径】调板下面的用前景色填充路径按钮 即可为当前路径填充前景色，如图 12.23 所示。

图 12.22　填充路径前

图 12.23　填充路径后

提　示

　　填充路径时，如果当前图层处于隐藏状态，则前景色填充路径 ⊙ 按钮及填充路径命令不能使用。

12.4.2　描边路径

利用画笔沿当前路径的形状进行描边，可以得到丰富的图像效果。

❶ 新建一个 10cm × 10cm 的文档。

❷ 选择自定义形状工具 ⬚ 绘制一个路径。如图 12.24 所示。

图 12.24　描边路径

❸ 选择画笔工具 ✎，主直径为 9，硬度为 100%，单击工具箱中的 ■ 按钮，在弹

出的【拾色器（前景色）】对话框中设置前景色为墨绿色（R:17、G:58、B:6），如图 12.25 所示，单击 确定 按钮。然后单击【路径】调板下的用画笔描边路径 ⊙ 按钮填充路径。效果如图 12.26 所示。

图 12.25　拾色器对话框

图 12.26　描边路径后

| 提 示 |

　　描边时可以不单使用一种绘图工具，实际上也可以选择橡皮擦工具 、模糊工具 、或涂抹工具 等。

12.4.3　路径与选区之间转换

1.　将路径转换为选区

❶ 新建一个 10cm × 10cm 的文档。

❷ 在工具箱中选择自定义形状工具 绘制一个路径。如图 12.27 所示。

❸ 单击【路径】调板下"将路径作为选区载入"按钮 可以将路径转换为选区。如图 12.28 所示。

图 12.27　绘制路径

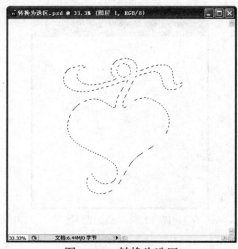

图 12.28　转换为选区

提　示

　　按 Ctrl + Enter 快捷键即可将路径转换为选区。或按住 Ctrl 键的同时单击【路径】调板中的路径缩览图，可以将选区载入图像中。

---

2. 将选区转换为路径

下面通过实例讲解。

---

❶ 打开 Sample\ch12\洋葱.jpg 文件。

❷ 在工具箱中选择快速选择工具，并在洋葱上单击创建选区，如图 12.29 所示。

工作路径】按钮　可将选区转换为路径进行。按住 Alt 键的同时单击【路径】调板下方【从选区生成工作路径】按钮，也可将选取转换为路径。如图 12.30 所示。

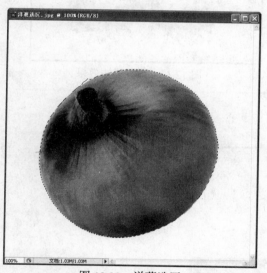

图 12.29　洋葱选区

❸ 单击【路径】调板下【从选区生成

图 12.30　洋葱路径

提　示

　　单击【路径】调板菜单的"建立工作路径"命令，弹出【建立工作路径】对话框。在【容差】文本框中输入 0.5～10.0 数值，可以控制转换后路径的平滑度（设置容差越大，用于绘制路径的锚点越少，路径也就越平滑）。

利用"描边路径"为图片添加艺术效果。

（1）打开 Sample\ch12\蝴蝶.psd 文件。

（2）选择画笔工具，样式为散布枫叶，主直径为 21，硬度为 100%，单击工具箱中的█按钮，在弹出的【拾色器（前景色）】对话框中设置前景色为墨绿色（# 113a06），如图 12.31 所示。单击 确定 按钮。然后单击【路径】调板下的用画笔描边路径按钮填充路径。如图 12.32 所示。

图 12.31　拾色器对话框

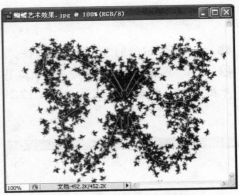

图 12.32　蝴蝶描边效果

12.5　典型实例——手绘花朵

1. 实例预览

实例的最终效果如图 12.33 所示。

图 12.33　效果图

2. 实例说明

主要工具或命令：变形工具、钢笔工具、移动工具、复制命令等。

3. 实例操作步骤

第 1 步：绘制路径。

❶ 选择【打开】→【新建】命令，弹出【新建】对话框，设置参数，如图 12.34 所示。

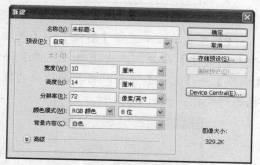

图 12.34　新建工作文档

❷ 新建"图层 1"。在工具箱中选择多边形工具，在多边形属性栏中选择路径工具，按下 Shift 键，在"图层 1"上绘制出多边形路径。如图 12.35 所示。

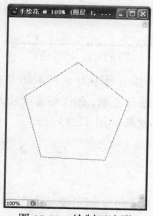

图 12.35　绘制五边形

第 2 步：调整路径。

❶ 选择钢笔工具，按住 Ctrl 键单击，使路径中的每个锚点均被显示。在每一条路径的中心点添加一个锚点。如图 12.36 所示。

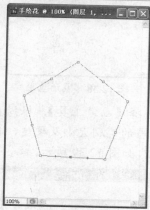

图 12.36　添加锚点

❷ 按住 Ctrl 键单击并移动每个顶点至中心，并调节滑杆使形状处于适当位置。如图 12.37 所示。

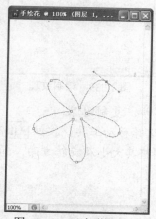

图 12.37　五边形调整后

第 3 步：渐变填充。

❶ 在菜单栏中选择【窗口】→【路径】命令，调出【路径】调板，单击将路径转换为选区按钮，将路径转换为选区。选择渐变工具，单击属性栏中径向渐变按钮，设置从红色（#f30e8f）到白色的渐变。如图 12.38 所示。

图 12.38　填充渐变

图 12.40　复制花朵

❷ 选择【画笔工具】，根据自己的喜好设置适当的笔刷大小及硬度，在花瓣上绘制纹理。如图 12.39 所示。

❷ 在菜单栏中选择【图像】→【色相饱和度明度】命令，或者选择【图像】→【调整】→【变化】命令，将其余花朵的颜色进行变化。如图 12.41 所示。

图 12.39　绘制纹理

图 12.41　调整色彩

第 4 步：复制图像。

❶ 选择移动工具，按住 Alt 键进行复制，并调整其大小及旋转方向。如图 12.40 所示。

❸ 将除背景层外的所有图层合并，按住 Alt 键进行复制，并调整其大小及旋转方向。最终效果如图 12.33 所示。

4. 实例总结

本实例通过运用多边形工具、钢笔工具、渐变填充工具和复制图像等命令来制作手绘花朵。读者在制作时，应注意花朵外形的美观。

12.6　本讲小结

本讲全面介绍了形状编辑方法、路径工具运用。路径在 Photoshop 中具有一专多能的特点，使用路径不仅可以制作精确的选区，还可以绘制图像。

12.7　思考与练习

1. 选择题

（1）形状工具包括（　　　）。

A. 矩形工具　　　B. 多边形工具　　　　C. 直线工具　　　　D. 钢笔工具

（2）使用椭圆形工具 可以创建椭圆形和圆形，按住什么键可以绘制圆形？（　　　）

A. Shift　　　　B. Ctrl　　　　　C. Alt　　　　D. Enter

2. 判断题

（1）使用直线工具 可以绘制直线和带有箭头的直线。　　　　　　　　　（　　　）

（2）使用转换点工具 可使锚点在平滑点和角点之间进行转换。　　　　　（　　　）

（3）上机操作题

利用自由钢笔、钢笔、添加锚点、转换点等工具绘制如图 12.42 所示的叶子。

图 12.42　手绘叶子

第 **13** 讲　神奇的滤镜

- 了解滤镜的基础知识
- 掌握各种滤镜的使用方法和技巧
- 掌握图案生成器的使用方法

▶ 快速导读

　　本讲介绍了液化滤镜、图案生成器、内置滤镜和外挂滤镜的使用方法和技巧，重点是内置滤镜和外挂滤镜的使用方法和技巧，难点是内置滤镜的使用方法。通过本讲学习，读者可以掌握各类型滤镜的功能和使用方法，从而制作出更为丰富多彩的图像。

13.1 滤镜概述

在 Photoshop 中，滤镜拥有很神奇的功能，它能在强化图像效果的同时，掩盖图像的缺陷。本节主要讲解 PhotoshopCS3 中滤镜的概念以及应用滤镜的规则和方法。

13.1.1 滤镜的使用规则

滤镜主要用来实现图像的各种特殊效果，它在 PhotoshopCS3 中具有非常神奇的作用。在【滤镜】菜单中，选用相应子菜单的滤镜命令即可应用。其使用规则如下。

- 滤镜只能应用于当前图层或某一通道。
- 若在图层的某一区域中应用滤镜，必须先选取该区域，然后对其进行处理。
- 最后一次选取的滤镜出现在【滤镜】菜单的顶部，若要重复使用该效果只需按 Ctrl + F 组合键即可。
- 滤镜使用错误要取消时，可在菜单栏中选择【编辑】→【后退一步】命令，或者使用【编辑】菜单顶部的还原命令，也可用 Ctrl + Z 组合键。
- 所有滤镜都能应用于 RGB 图像，滤镜不能应用于位图模式、索引模式或 16 位通道图像，有个别滤镜对 CMYK 图像不起作用。
- 文字图层或锁定像素区域的特殊图层是无法使用滤镜的。
- 从【滤镜】菜单的子菜单中选取相应的滤镜命令时，若滤镜名称后带有符号"…"，表示单击该滤镜选项时将弹出对话框，在其中输入数值或选择选项即可。

13.1.2 滤镜的使用技巧

在执行滤镜命令时，可以参考以下几点技巧。

- 滤镜只能应用于图层的有色区域，对完全透明的区域没有效果。
- 滤镜通常应用于当前可见图层，并且可以反复、连续使用，但一次只能应用在一个图层上。在对局部图像进行滤镜处理时，可以先为选区设定羽化值，再应用滤镜，这会减少突兀感觉。
- 如果要在应用滤镜时不破坏图像，并希望以后能够更改滤镜设置，可以在菜单栏中选择【滤镜】→【转换为智能滤镜】命令，将要应用滤镜的图像内容创建为智能对象，再使用滤镜进行处理。
- 在处理分辨率高的图像时，有些滤镜效果可能要占很大的内存空间，进而影响处理速度，在此情况下可以先将一小部分图像进行实验，找到合适位置后，再将滤镜应用于整个图像。
- 上次使用的滤镜将出现在【滤镜】菜单顶部，可以通过执行此操作对图像再次应用上次使用过的滤镜效果，或者使用快捷键 Ctrl + F。按下 Ctrl + Alt + F 组合键则是用新的参数选项使用刚用过的滤镜。

13.2 液 化 滤 镜

运用"液化"滤镜可以对图像进行比较自然地变形操作，产生扭曲、旋转、膨胀、萎缩等效果。使用网格可以看到图像变形前后的效果。下面通过实例介绍该滤镜的用法。

❶ 打开"Sample\ch13\液化.jpg"文件，如图 13.1 所示。

图 13.1 液化

❷ 在菜单栏中选择【滤镜】→【液化】命令，弹出【液化】对话框，如图 13.2 所示。

图 13.2 【液化】对话框

❸ 使用工具箱中的向前变形工具，

并设置好相应的选项，对花的顶部进行变形，如图 13.3 所示。

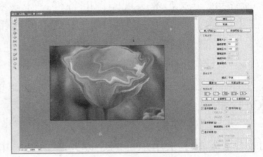

图 13.3 变形操作

❹ 单击 确定 按钮，完成图像的液化变形操作，效果如图 13.4 所示。

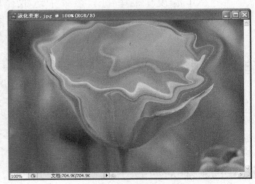

图 13.4 液化变形

【液化】对话框的左上角是工具箱，共有 12 种变形工具。利用这些工具，可以对图像或需要变形的区域进行一系列的变形操作。

13.3 图案生成器

【图案生成器】滤镜可以通过简单地选取图像区域制作具有图案样式的新图像文件。由于它采用了随机模拟和复杂分析技术，因此可以得到无重复和无缝拼接图案。下面通过一个实例介绍该滤镜的用法。

❶ 打开 "Sample\ch13\桃花.jpg" 文件，如图 13.5 所示。

图 13.5　桃花

❷ 在菜单栏中选择【滤镜】→【图案生成器】命令或使用 Ctrl + Shift + Alt + X 组合键，弹出【图案生成器】对话框，如图 13.6 所示。

图 13.6　"图案生成器" 对话框

❸ 使用矩形选框工具在图像中绘制

出创建图案的选区，并设置其宽度与高度为 128 像素，平滑度为 1，样本细节为 5 个像素，如图 13.7 所示。然后单击 生成 按钮，生成图案的效果，此时 生成 按钮变为 再次生成 按钮。若单击 再次生成 按钮，可以再次生成一个新的图案。

图 13.7　创建选区

❹ 制作完成后，单击 确定 按钮，效果如图 13.8 所示。

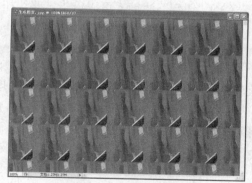

图 13.8　生成图案

13.4　Photoshop 内置滤镜概述

Photoshop CS3 提供了多种类型的滤镜，通过选择滤镜菜单就可以使用。下面分别予以介绍。

13.4.1　"像素化" 滤镜

"像素化" 滤镜是用来将图像分块和将图像平面化的，可以通过使单元格中颜色值相近的像素结成块来重新描绘图像，如彩色半调、晶格化、彩块化、碎片等。

（1）"彩色半调"滤镜。模拟在图像的每个通道上使用放大的半调网屏的效果。对于每个通道，该滤镜将图像分成许多矩形区域，然后使用和矩形区域的亮度成比例的圆形区域代替这些矩形区域，看起来有一些铜版画的效果。

（2）"晶格化"滤镜。能使图像产生结晶一样的效果，结晶后的每个小区域的色彩由原图像的相应位置中的主要色彩代替。

（3）"彩块化"滤镜。使用纯色或相似颜色的像素结块来重新绘制图像，类似于手绘的效果。

（4）"碎片"滤镜。模拟摄像时的镜头晃动，创建 4 个图像的副本，并产生一种模糊重叠的效果。

（5）"铜版雕刻"滤镜。用点和线重新生成图像，将图像转换为有黑白区域的随机图案或彩色图像中完全饱和颜色的随机图案，产生镂刻的版画效果。

（6）"马赛克"滤镜。可以将图像中每一个单元内所有的像素用统一的颜色代替，产生一种模糊的马赛克效果。

（7）"点状化"滤镜。通过将一个图像分割为随机的点，点内用平均颜色填充，点与点之间用背景色填充，产生斑点化的效果。

13.4.2 "扭曲"滤镜

"扭曲"滤镜是一种使用比较广泛的滤镜，使用"扭曲"滤镜可以对图像进行各种扭曲变形处理，例如漩涡、水波和玻璃效果等。

（1）"切变"滤镜。可以沿指定路线扭曲图像，产生哈哈镜的效果。

（2）"扩散亮光"滤镜。可以在图像中加入白色的光芒，形成光芒四射的效果。

（3）"挤压"滤镜。可以使图像产生从内向外或从外到内的挤压效果。

（4）"旋转扭曲"滤镜。能使选择区域内的图像产生旋转的效果。其中，选择区域中心旋转的效果比边缘明显。可以指定旋转角度及扭曲图案。

（5）"极坐标"滤镜。可以将图像由直角坐标系转换为极坐标系。使用该滤镜可以使图像产生畸形失真效果。

（6）"水波"滤镜。可以使图像产生波纹效果，就像水中泛起的涟漪。

（7）"波浪"滤镜。可以使图像产生波浪效果，如同水中的倒影。

（8）"波纹"滤镜。可以使图像产生如同水面波纹的效果。

（9）"海洋波纹"滤镜。可以使图像产生涟漪的效果。

（10）"玻璃"滤镜。使图像看起来像是透过不同类型的玻璃观看的效果。

（11）"球面化"滤镜。可以将图像球面化，使图像产生 3D 效果。

（12）"置换"滤镜。可以用另一幅图像中的颜色和形状来调整当前图像，使之扭曲。其中，要置换的图像文件必须为 PSD 格式。

13.4.3 "杂色"滤镜

"杂色"滤镜可以在图像中随机地添加或减少杂色，这种杂色效果是通过添加像素来实现的，如添加杂色、去斑、中间值，以及蒙尘与划痕等。

（1）"添加杂色"滤镜。可以对图像添加一些颗粒状的像素。

（2）"去斑"滤镜。用于查找图像中颜色变化显著的区域，并对其边缘以外的所有区域进行模糊以减少图像受干扰的程度，如果要去除粗的杂点则不适宜使用该滤镜。

说　明

在扫描照片的网点时，一般可使用该滤镜快速去除。

（3）"中间值"滤镜。用来减少图像中杂色的干扰。它搜索指定半径范围内的像素，查找亮度相近的像素，并用搜索到的像素的中间亮度值替换中心像素。

（4）"蒙尘与划痕"滤镜。通过更改图像中的不同像素来减少杂色。为了得到最好的效果，应该多尝试半径与阈值的各种组合。

13.4.4　"模糊"滤镜

"模糊"滤镜可以削弱相邻像素间的对比度，达到柔化图像的效果，如平均、更模糊、高斯模糊等滤镜。

（1）"平均"滤镜。可以产生单一的灰色图形。

（2）"模糊"滤镜。可以用来光滑边缘过于清晰或对比度过于强烈的区域，以产生模糊效果来柔化边缘。

（3）"进一步模糊"滤镜。该滤镜是在"模糊"滤镜的基础上做进一步模糊，产生的效果比"模糊"滤镜强 3～4 倍，使用该滤镜可以对图像进行较为强烈的柔化处理。

（4）"高斯模糊"滤镜。该滤镜会产生强烈的模糊效果，甚至会使图像难以辨认。在通道内经常应用该滤镜。

下面通过一个实例介绍该滤镜的用法。

❶ 打开 "Sample/ch13/汽车.jpg" 文件，如图 13.9 所示。

图 13.9　汽车

❷ 在菜单栏中选择【滤镜】→【模糊】→【高斯模糊】命令，弹出【高斯模糊】滤镜对话框如图 13.10 所示，其中 "半径" 选项用于控制图像模糊程序，值越大，模糊程度越明显，取值范围为 0.1～255.0。

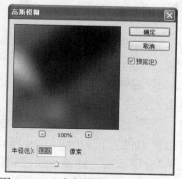

图 13.10　"高斯模糊"滤镜对话框

❸ 在【半径】文本框中设置数值为 12.0，单击 确定 按钮，所得效果如图 13.11 所示。

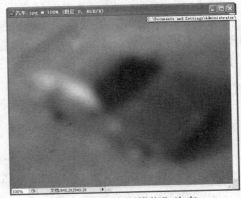

图 13.11 "高斯模糊" 汽车

（5）"动感模糊" 滤镜。可以使图像产生动感模糊的效果，类似于拍摄运动画面的效果。

（6）"径向模糊" 滤镜。可以使图像产生一种柔化的模糊效果，类似于移动或旋转相机拍摄的效果。

（7）"特殊模糊" 滤镜。可以精确地模糊图像。例如可以指定模糊半径、模糊距离及模糊品质等。

（8）"镜头模糊" 滤镜。该滤镜是 Photoshop CS3 在常用的 "模糊" 滤镜中新增加的，用于模拟各种镜头景深产生的模糊效果，这样可以使图像中的某些物体处于焦距之中，而其他区域则变得模糊。以前通常是使用 "高斯模糊" 滤镜来模拟景深效果的，但是其效果不是很真实，而且很难做出渐变的景深模拟。现在有了这个滤镜，模拟镜头的模糊效果就变得简单了。

（9）"形状模糊" 滤镜。使用指定的图形作为模糊中心，利用 "形状模糊" 滤镜对其进行模糊。

（10）"方框模糊" 滤镜。该滤镜基于相邻像素的平均颜色值来模糊图像，用于创建特殊效果。可以调整用于计算给定像素的平均值的区域大小：半径越大，产生的模糊效果越好。

（11）"表面模糊" 滤镜。用于在模糊图像时保留图像边缘，创建特殊效果以及去除杂点和颗粒。

13.4.5 "渲染" 滤镜

"渲染" 滤镜可以用于制作云彩效果、光照效果及 3D 变形效果，如云、分层云彩、纤维、镜头光晕等。

（1）"云" 滤镜。可以根据前景色和背景色之间的随机像素将图像转换为柔和的云彩效果。若想得到色彩较为分明的云彩效果，则在按住 Alt 键的同时使用该滤镜即可。

（2）"分层云彩" 滤镜。该滤镜以前景色、背景色和另一个外部图像的色彩为依据，渲染出一个带有外部图像的云彩造型，反复使用该滤镜，每连续两次操作，都会使图像产生负片的色彩，而且每次使用的图像中都会出现大理石一样的叶脉纹理。

（3）"纤维"滤镜。通过设置不同的前景色和背景色使图像增加纤维效果。可以通过调整相应对话框中的颜色滑杆控制颜色的变化。

（4）"镜头光晕"滤镜。可以使图像产生明亮的光线照射到相机镜头的效果。可以在相应的对话框中通过单击预览图的任一位置，或拖动十字线，调整光晕中心的位置。

（5）"光照效果"滤镜。可以使图像上产生由不同光源、不同类型和不同特性的光造成的光照效果。该滤镜不但可以在 RGB 图像上产生各种光照效果，也能使用灰度图像，生成类似 3D 的光照效果。

13.4.6 "画笔描边"滤镜

在"画笔描边"滤镜中使用不同的画笔和油墨能够创造出类似绘画的描边效果。有些滤镜可以向图像中添加颗粒、绘画、杂色、边缘细节或纹理，以获得点状化效果。该滤镜组包含 8 种艺术类型，其滤镜菜单如图 13.12 所示。

该滤镜菜单中的子菜单命令的含义如下。

■ 成角的线条：将使用一个方向的线条绘制图像的亮区，使用反方向的线条绘制暗区，从而使图像产生笔划倾斜的效果。

■ 墨水轮廓：会使图像看起来像用墨水笔勾绘的图像轮廓一样。

■ 喷溅：可以将图像处理成颗粒飞溅的效果。

■ 喷色描边：该滤镜的效果比喷溅产生的效果更均匀一些，而且可以选择喷射的角度，从而产生倾斜的飞溅效果，就像图像被雨水冲刷了一样。

图 13.12 "画笔描边"滤镜菜单

■ 强化的边缘：将使图像边缘看起来如同用彩笔勾绘的一样。当边缘亮度值设得较高时，强化效果类似于白色；当边缘亮度值设得较低时，强化效果类似于黑色；这样可以突出显示图像中不同颜色之间的边界。

■ 深色线条：将使用短、绷紧的线条绘制图像中接近黑色的暗区，使用长的白色线条绘制图像中的亮区，从而产生一种很强烈的黑色阴暗效果。

■ 烟灰墨：可以使图像产生浓重的墨汁渲染效果，好像在宣纸上做画一般。

■ 阴影线：可以使图像产生用交叉网格线描绘或雕刻的效果，并且容易在画面上产生一种网状的阴影。

13.4.7 "素描"滤镜

使用"素描"滤镜，可以给图像增加纹理、模拟素描等艺术效果。其中很多滤镜都是使用当前的前景色、背景色进行绘制的，所以在使用该滤镜前，设置好合适的前景色、背景色是必要的。该滤镜包含 14 种艺术类型。

（1）"基底凸现"滤镜：可以根据图像的轮廓，使图像的暗区呈现前景色，浅色显现背景色，从而使图像产生一种具有粗糙边缘及纹理的浮雕效果。

（2）"粉笔和炭笔"滤镜：可以使用前景色的炭笔绘制图像的阴影区域，使用背景色的粉笔绘制高光和中间色调区域。

（3）"炭笔"滤镜：可以将图像处理成炭笔画的效果。

（4）"铬黄"滤镜：可以产生被磨光的铬表面和发光液体金属的效果。应用该滤镜时，要先使用"色阶"命令调节好图像的对比度，以得到清晰的效果。

（5）"炭精笔"滤镜：将使图像产生一种具有彩色粉笔笔触的效果，用前景色绘制图像的明亮区域，用背景色绘制阴影区域。若想获得逼真的效果，可以在应用该滤镜之前将前景色改为最常用的黑色、深褐色和血红色；若想获得减弱的效果，可以在应用该滤镜之前将前景色改为白色。

（6）"绘图笔"滤镜：将使用细的、线状的油墨对图像进行描边，它使用前景色作为油墨，使用背景色作为纸张，替换原图像中的颜色。

（7）"半调图案"滤镜：可以将图像处理成用前景色和背景色组成的具有网格图案的怀旧作品。

（8）"便条纸"滤镜：可以使图像产生压痕的效果，图像沿着边缘线产生凹陷，这是由前景色、背景色决定的。

（9）"影印"滤镜：可以把图像中明显的轮廓用前景色勾勒出来，其他部分用背景色填充，从而产生出影印件的效果。

（10）"塑料效果"滤镜：使用前景色与背景色为图像着色，让暗区凸起，亮区凹陷，使图像产生浮雕的效果。

（11）"网状"滤镜：可以使暗调区域呈现结块状，高光区域呈轻微颗粒状，从而在整体上使图像呈现网状结构。

（12）"图章"滤镜：可以简化图像，使之呈现用橡皮或木制图章盖印的效果。在黑白图像中使用滤镜，效果最佳。

（13）"撕边"滤镜：可以产生水墨画的效果，在前景色和背景色交界处制作溅射分裂效果。对由文字或高对比度对象组成的图像使用该滤镜，效果最佳。

（14）"水彩画纸"滤镜：可以产生画面浸湿的湿纸效果，可以通过改变扩散度、亮度、对比度调整出合适的效果。

13.4.8 "纹理"滤镜

使用"纹理"滤镜可以制作出特殊的纹理或材质效果。该滤镜包含以下 6 种类型。

- 拼缀图：可以产生一种马赛克的效果，只是马赛克之间会产生浓重的阴影效果。
- 染色玻璃：可以使用前景色把图像分解成像植物细胞、蜂巢一样的拼贴纹理，与"拼缀图"滤镜的作用基本相似，只不过它的小方块是不规则的。
- 纹理化：可以选择一种纹理并将其应用于图像上。该纹理可以是列表中默认的一种，也可以是任何从外部载入的纹理。
- 龟裂缝：可以对包含多种颜色值或灰度值的图像创建浮雕效果。

- 颗粒：可以通过模拟不同种类的颗粒，改变图像的表面纹理。
- 马赛克拼贴：可以使图像产生像是由小碎片或拼图组成的效果。

13.4.9 "艺术效果"滤镜

运用"艺术效果"滤镜可以绘制精美的艺术品、项目的绘画效果或特殊效果。这些效果必须在 RGB 模式下使用，若当前文件是 CMYK 模式，必须先将其转换为 RGB 模式。"艺术效果"滤镜中提供以下 15 种艺术特效。

（1）彩色铅笔：可以模拟美术中彩色铅笔绘图的效果，将重要的边缘保留并呈现粗糙的阴影线外观。在制作时，要先更改背景色，再对所选区域应用"彩色铅笔"滤镜。

（2）木刻：使用版画和雕刻原理来处理图像，使图像看起来好像是由剪下的粗糙彩色纸片组成的。

（3）干画笔：使用介于油彩和水彩之间的笔触效果绘制图像边缘，使图像产生一种不饱的、干枯的油画效果，将图像的颜色范围降到普通颜色范围来简化图像。

（4）胶片颗粒：可以使图像产生在簿膜上布满黑色颗粒的效果。

（5）壁画：使用短而圆的、潦草的斑点绘制风格粗犷的图像，有种水彩壁画的效果。

（6）霓虹灯光：将各种类型的光添加于图像上，对于在柔化图像外观时给图像着色很有用。若要选择一种发光颜色，单击发光颜色按钮，从弹出的"拾色器"对话框中选择一种颜色即可。

（7）绘画涂抹：适合对整幅图像进行处理，产生涂抹的模糊效果，可以选取 1 ~ 50 像素的各种类型的画笔来创建绘画效果。

（8）调色刀：可以减少图像中的细节，生成浅淡的画布效果，同时可以显出下面的纹理。

（9）塑料包装：可以给图像涂上一层发光的塑料，以强调表面细节。

（10）海报边缘：可以根据所设置的海报化选项减少图像（色调分离）中的颜色数量，并查找图像的边缘，在边缘上绘制黑色线条。使图像大而宽的区域有简单的阴影，细小的深色细节遍布整个图像。

（11）粗糙蜡笔：可以使图像看上去好像是用彩色蜡笔在带纹理的背景上描过边，产生一种不平整、浮雕感的纹理。在亮色区域，蜡笔显得比较厚且稍带纹理；在深色区域，蜡笔似乎擦去了，纹理便显露出来。

（12）涂抹棒：可以模拟产生手绘效果。

（13）海绵：可以使图像产生类似于用海绵绘制的浸湿的效果。

（14）底纹效果：可以根据纹理的类型和颜色值，在图像画面上产生一种纹理描绘的效果。

（15）水彩：以水彩的风格绘制图像，简化图像细节，像是使用蘸了不同颜色的画笔绘制。当边缘有显著色调变化时，该滤镜会为该颜色加色。

13.4.10 "锐化"滤镜

"锐化"滤镜通过增强像素之间的对比度使图像变得更加清晰。它有以下几个选项。

（1）锐化：可以通过增强像素之间的对比度，使图像变得更加清晰。

（2）锐化边缘：仅仅锐化图像的边缘，使不同颜色之间分界明显，也就是说通过锐化颜色变化较大的色块边缘，从而得到较清晰的效果，而且不会影响图像的细节。

（3）进一步锐化：比"锐化"滤镜产生的效果更强烈。

（4）USM 锐化；其锐化效果最强。它具有前面 3 种滤镜的所有功能，并在处理过程中使用模糊遮罩，从而产生边缘轮廓锐化的效果。

13.4.11 "风格化"滤镜

"风格化"滤镜可以通过置换像素来增加图像的对比度，使图像生成绘画或印象派的效果，如扩散、浮雕效果、凸出、查找边缘、风等。

（1）"扩散"滤镜：可以移动选区中的像素，使图像产生油画或毛玻璃效果。

（2）"浮雕效果"滤镜：先将图像转换为灰度形式的图像，再用原来的颜色描绘边缘，从而生成具有凹凸感的浮雕效果。

（3）"凸出"滤镜：可以使用图像产生由三维立方体或锥体组成的纹理效果，看起来好像从图像中挤压许多方形或三角形一样。

（4）"查找边缘"滤镜：可以自动寻找和识别图像的边缘，并且以优美的细线描绘它们。

（5）"照亮边缘"滤镜：可以用类似于霓虹灯的光亮来描绘图像的轮廓，并调整轮廓的角度、宽度等。

（6）"曝光过度"滤镜：可以混合负片和正片图像，从而产生摄影中照片短暂曝光的效果。

（7）"拼帖"滤镜：可以把图像分割成有规则的若干块，生成拼图状的效果。

（8）"等高线"滤镜：只显示指定色度的边界线，产生线构图的效果。

（9）"风"滤镜：可以产生一种刮风的效果。

13.4.12 "其他"滤镜

"其他"滤镜中包含了一些具有独特效果的滤镜，它们允许用户创建自己的滤镜、使用滤镜修改蒙版和在图像中使选区发生位移和快速调整颜色。下面介绍这些滤镜。

（1）自定：可以自定义一个滤镜。使用该滤镜，根据预定义的数学运算，可以更改图像中每个像素的高度值，也可以根据周围的像素值为每个像素重新指定一个值。该操作与通道的加、减计算类似。

（2）高反差保留：该滤镜可以强调图像中色调变化强烈的部分，保留指定半径内的边缘细节，并隐藏图像的其他部分。图像效果与"高斯模糊"滤镜效果相反，可以使图像更加清晰。

（3）最大值：该滤镜可以扩大图像中的黑暗区域，缩小明亮区域。

（4）最小值：该滤镜可以缩小图像中的黑暗区域，扩大明亮区域。

（5）位移：可以在水平、垂直方向上移动图像。

练一练

利用【滤镜】→【素描】→【水彩画纸】命令对图像进行艺术处理，处理前后的效果分别如图 13.13 与图 13.14 所示。

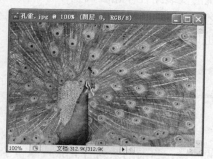 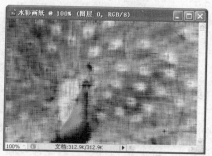

图 13.13　处理前的 "孔雀" 图　　　　　图 13.14　处理后的 "水彩画纸" 图

13.5　使用外挂滤镜

很多接触过 Photoshop 的读者都惊叹于其令人眼花缭乱的滤镜效果。似乎有种让人 "不怕做不到，就怕想不到" 的感觉。然而设计者的想象力也是让人佩服的：除了 Photoshop 自身提供的上百种滤镜，似乎还不满足，于是很多第三方滤镜插件应运而生。而 Photoshop 的设计者考虑周到，为添加滤镜提供了方便，能够允许用户使用其他滤镜。

13.5.1　安装外挂滤镜

外挂滤镜的安装非常简单，应当注意的是滤镜应当安装到 Photoshop 的 plus-ins 目录下，否则将无法直接运行滤镜。下面以安装外挂滤镜 KPT 7.0 为例介绍。

❶ 双击安装程序并按照安装程序的提示往下进行时，安装程序会提示选择 Photoshop 的滤镜目录。

❷ 在图 13.15 所示的对话框中选择 Photoshop 下的【增效工具】→【滤镜】文件夹目录即可。

这类滤镜的卸载非常方便，用户只需在控制面板下执行 "添加/删除程序" 工具即可。

图 13.15　外挂滤镜调板

┃ 提 示 ┃

一般的滤镜以 8bf 为扩展名，只要放到 Photoshop 的 Plug-in 目录下，再重新启动初始化 Photoshop 即可在滤镜菜单中找到。由于 Photoshop CS3 将【滤镜】文件夹整合到了【增效工具】文件夹下，所以只需将外挂滤镜的安装路径作相应调整即可。如果用户安装了许多滤镜，Photoshop 内置的滤镜会随之改变原来的排放位置。现在的大部分滤镜软件都以安装形式进行安装，基本不用再手工调整。

13.5.2　典型的外挂滤镜

在使用 KPT 滤镜前，有必要了解它的特点。与其他软件的升级方式不同的是，KPT 是一组系列滤镜。每个系列都包含若干个功能强大的滤镜，目前的系列有 Kpt 3、Kpt 5、Kpt 6，以及这里给大家介绍的 KPT 7.0。虽然版本号上升，但是这并不意味着后面的版本是前面版本的升级版，每个版本的侧重点和功能各不相同，因此，不能光看它的版本就判断该滤镜是否过时。

安装 KPT 后，重新启动 Photoshop，可以发现在其【滤镜】菜单下多了一个【KPT effects】子菜单，展开下一级，便是 KPT 7.0 滤镜组提供的 9 个功能强大的滤镜命令项了。如图 13.16 所示。

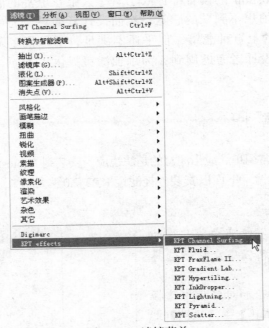

图 13.16　滤镜菜单

下面分别介绍这 9 个命令的主要功能。

（1）Channel Surfing：允许用户单独对图像中的各个通道（Channel）进行效果处理，如模糊或锐化所选中的通道，也可以调整色彩的对比度、色彩数、透明度等各项属性。这一滤镜对于具有各种混合效果的图像尤其有效。

（2）Fluid：可以在图像中加入模拟液体流动的效果，如扭曲变形效果等。可以运用在如带水的刷子刷过物体表面时产生的痕迹。同时可以设置刷子的尺寸、厚度，以及刷过物体时的速率，使得产生的效果更加逼真。这一滤镜还有视频功能，它能将这一效果输出为连续的动态视频文件，使原本静止的图片变成直观的电影效果。

（3）Frax Flame：该滤镜能捕捉并修改图像中不规则的几何形状，能改变选中的几何形状的颜色、对比度、扭曲等效果。

（4）Gradient Lab：使用此滤镜可以创建不同形状、不同水平高度、不同透明度的复杂的色彩组合并将它们运用在图像中。用户也可以自定义各种形状、颜色的样式，并存储起来以便必要时调用。

（5）Hypertiling：为了减少图像文件的体积，可以借鉴类似瓷砖贴墙的原理，将相似或相同的图像元素，做成一个可供反复调用的对象。Hypertiling 滤镜便很好地运用了这一原理。利用它既可以减少文件量，又能产生类似瓷砖宣传画那样气势宏伟的效果。

（6）Ink Dropper：该滤镜模拟墨水滴入静水中的现象，缓缓散开并产生一种自然的舒展美。利用它能产生流动的、漩涡状的，甚至是令人厌恶的污点状效果。用户可以控制墨水滴的大小、下滴的速度等各项参数。

（7）Lightning：能使用户通过简单的设置，便可以在图像中创建出维妙维肖的闪电效果。用户也可以对闪电中每一细节的颜色、路径、急转等属性进行设置，从而与源图像之间更协调。

（8）Pyramid：将源图像转换成具有类似"叠罗汉"一样对称、整齐的效果。

（9）Scatter：如果想要去除原图表面的污点或在图像中创建各种微粒运动的效果，Scatter 滤镜就有用武之地了。甚至可以通过该滤镜控制每一个质点的具体位置、颜色、阴影等。

13.6　典型实例——彩色半调画框制作

1. 实例预览

实例处理前后的效果分别如图 13.17、图 13.18 所示。

图 13.17　处理前的效果

图 13.18　处理后的效果

2．实例说明

主要工具或命令：以快速蒙版模式编辑工具、描边、滤镜高斯模糊、滤镜彩色半调命令等。

3．实例操作步骤

第1步：图像蒙版编辑。

❶ 按 Ctrl + O 组合键，打开"Sample\ch13\调皮女孩.jpg"文件。如图 13.17 所示。

❷ 单击工具箱中的"以快速蒙版模式编辑"按钮 ▣，进入快速蒙版编辑模式。

❸ 按 Ctrl + A 组合键全选图像，如图 13.19 示，按下 D 键，设置前景色和背景色为系统默认的颜色。

图 13.19　全选图像

第2步：描边图像。

❶ 在菜单栏中选择【编辑】→【描边】命令，在弹出的【描边】对话框中设置描边"颜色"为黑色，其他参数的设置如图 13.20 所示。

图 13.20　【描边】对话框

❷ 单击 ▢确定▢ 按钮应用描边效果，得到的效果如图 13.21 所示，在图像周围得到一圈红色半透明的"膜"，被覆盖的区域为蒙版区域，即为被保护起来的区域。在返回正常编辑模式时，该块区域即为选择区域。

图 13.21　"描边"后的效果

第3步：执行滤镜效果。

❶ 在菜单栏中选择【滤镜】→【模糊】→【高斯模糊】菜单命令，弹出【高斯模糊】对话框。设置半径为 15 像素，如图 13.22 所示，单击 ▢确定▢ 按钮，应用模糊滤镜，效果如图 13.23 所示。

图 13.22　"高斯模糊"对话框

图 13.23 应用"高斯模糊"后的效果

❷ 在菜单栏中选择【滤镜】→【像素化】→【彩色半调】菜单命令，弹出【彩色半调】对话框，按照如图 13.24 所示设置参数，然后单击 确定 按钮，效果如图 13.25 所示。

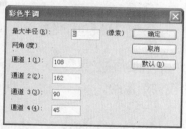

图 13.24 "彩色半调"对话框

图 13.25 "彩色半调"后的效果

第 4 步：图像填充编辑。

❶ 蒙版编辑完成后，单击工具箱中的"以快速蒙版模式编辑"按钮，取消蒙版编辑，返回正常编辑状态，得到如图 13.26 所示的选区。

图 13.26 取消蒙版后的效果

❷ 在菜单栏中选择【选择】→【反选】命令或按下 Ctrl + Shift + I 组合键，将选区反向选择。如图 13.27 所示。

图 13.27 反向选择

❸ 设置前景色为红色（R 为 241，G 为 71，B 为 91），然后按 Alt + Delete 组合键填充选区，最后按下 Ctrl + D 组合键取消选择，得到的最终效果如图 13.18 所示。

4. 实例总结

本实例通过运用以快速蒙版模式编辑工具、描边、高斯模糊滤镜和彩色半调滤镜制作彩色半调画框。在制作时，注意所填充的色彩与原图色彩的色差不要太大，否则会影响美观。

13.7 本讲小结

本讲全面介绍了滤镜的使用常识和技巧。一些图像的特殊效果都要涉及滤镜工具的使用，因此熟练掌握这些滤镜的使用方法和技巧是非常必要的。

13.8 思考与练习

1. 选择题

（1）Photoshop CS3 中的滤镜种类可分为（　　　）滤镜和（　　　）滤镜两种，它们的功能和用途各不相同，互有长短。

   A．内置滤镜   B．外挂滤镜   C．扭曲滤镜   D．风格化滤镜

（2）最后一次选取的滤镜出现在"滤镜"菜单的顶部，重复使用该效果时只需按（　　　）组合键。

   A．Ctrl + F   B．Ctrl + D   C．Ctrl + E   D．Ctrl + O

2. 判断题

（1）使用挤压滤镜可以使图像产生从内向外或从外到内的挤压效果。   （　　　）

（2）方框模糊滤镜是基于相邻像素的平均颜色值来模糊图像的。   （　　　）

3. 上机操作题

根据提供图片利用风格化滤镜和图层样式中的外发光来设计梦幻的花朵，处理前后的效果分别如图 13.28、图 13.29 所示。

图 13.28　处理的前的"花朵"

图 13.29　处理后的"梦幻花朵"

第 14 讲　图像的优化与 Web 图像输出

▶ **本讲要点**

- 掌握图像优化的方法
- 掌握图像处理自动化的方法
- 掌握 Web 图像的制作与动画设计的方法

▶ **快速导读**

本讲讲解了图像的优化、图像处理自动化、Web 图像与动画设计等内容。
Web 图像与动画设计是本讲的重点和难点。

14.1　图像的优化

图像的优化就是在提高图像质量的同时，使图像所占用的存储空间尽可能地减小。图像的优化可以加快图像在网络上的浏览和传送速度。

使用"存储为 Web 和设备所用格式"命令可以导出和优化切片图像，Photoshop 会将每个切片存储为单独的文件并生成显示切片图像所需的 HTML 或 CSS 代码。

14.2　图像处理自动化

在菜单栏中选择【文件】→【自动】，其下拉菜单中提供 Photoshop 预设的自动化命令，如图 14.1 所示。使用这些命令可以批量处理相同的文件，或者简化复杂的图像编辑过程，从而提高工作效率。

14.1　图像处理自动化下拉菜单

14.2.1　系统内置动作的使用

在【动作】调板中有很多系统自带的动作，播放一个动作就可以得到相应的效果，在菜单栏中选择【窗口】→【动作】命令，打开【动作】调板。如图 14.2 所示。

【动作】调板中各个按钮的含义如下。

- 停止播放/记录按钮 ■：单击此按钮，停止录制动作。
- 开始记录按钮 ●：单击此按钮，开始录制动作。

图 14.2　动作调板

- 播放选定动作按钮 ▶：单击此按钮，播放当前选择的动作。
- 创建新组按钮 □：单击此按钮，可以创建一个新动作组。
- 创建新动作按钮 ：单击此按钮，可以创建一个新动作。
- 删除按钮 ：单击此按钮，在弹出的对话框中单击 确定 按钮，可以删除当前选择的动作。

14.2.2　录制、修改与执行动作

在【动作】调板中虽然有很多系统自带的动作，但有时这些默认动作并不能满足需要。为了满足更多的工作要求，可以手动完成一些动作的录制、修改与执行任务。

1．录制与执行动作

除播放动作外，录制自定义的动作也是较为频繁的操作。录制与执行动作的操作步骤如下。

❶ 单击创建新组按钮 □，在打开的【新建组】对话框中可以设置组的名称，也可以直接选择已有的组。如图 14.3 所示。

图 14.3　新建组对话框

❷ 单击【动作】调板底部的创建新动作按钮 ，在打开的【新建动作】对话框中设置动作属性，如图 14.4 所示。

图 14.4　新建动作对话框

- 在"名称（N）"文本框中可以输入动作名称。
- 在"组（E）"下拉列表中可以选择此动作所属的组。
- 在"功能键（F）"下拉列表中可以选择播放动作时的快捷键。

❸ 完成设置后单击对话框中的 记录 按钮，此时【动作】调板中的开始记录按钮 ● 呈现红色，表示已被激活，Photoshop CS3 将自动录制后面所做的操作。

❹ 执行需要录制的操作。要注意：不是所有的动作都可以被录制的，例如绘制类及改变视图比率类的操作就不可以录制。

❺ 完成所有操作后，单击【动作】调板中的停止播放/记录按钮 ，完成动作的录制操作。

2. 修改动作

完成动作的录制后，若要根据当前执行的任务修改动作中某个命令参数时，可以在【动作】调板中双击此命令，在弹出的对话框中进行设置，以修改并保存相关的命令参数。

14.3　Web 图像与动画设计

最常见的几种应用于网络的图片格式为：GIF 格式、JPEG 格式、PNG-8 格式和 PNG-24 格式。在 Photoshop 中使用 Web 工具，可以轻松构建网页组件，或者按照预设或自定义格式输出完整网页。动画是在一段时间内显示的一系列图像或帧，当每一帧较前一帧都有轻微的变化时，连续快速地显示帧就会产生运动或其他变化的视觉效果。

14.3.1　ImageReady 7.0 简介

ImageReady 7.0 用于设计专业的 Web 版面。使用它可以更轻松地对图层进行选择、编组、对齐和排列等处理，就好像它们是独立的对象。另外，ImageReady 7.0 还提供用于高级 Web 处理和创建动态 Web 图像（如动画和翻转）的工具和调板。

14.3.2　切片

在 Photoshop 中，使用图层和切片可以设计网页和网页界面元素，创建用于导入到 Dreamweaver 或 Flash 中的翻转文本或按钮图形。所谓【切片】是指根据图层或参考线精确选择的区域，或者用【切片工具】🖊️创建的趋向区域。

14.3.3　图像映射

图像映射主要是用来为图像添加链接的。"图像映射"工具的用途与切片工具的差不多，只不过切片类工具只能设置矩形区域，而"图像映射"工具却能够设置各种形状区域。

14.3.4　制作动画

动画由一系列图像帧组成，只要使每一帧与下一帧有所区别，就可以使人产生一种运动的错觉。可以使用分层的 Photoshop 或 ImageReady 图像在 Adobe ImageReady 中创建简单的动画。在图像中构成动画的所有元素都放置在不同的图层中。通过对每一帧隐藏或显示不同的图层可以改变每一帧的内容，而不必一遍又一遍地复制和改变整个图像。每个静态元素只需创建一个图层即可，而运动元素则可能需要若干个图层才能制作出平滑过渡的运动效果。

14.3.5　优化和输出图像

优化图像就是在提高图像质量的同时，使图像存储所占用的空间尽可能地小。可以在菜单栏中选择【文件】→【自动】→【存储为 Web 所用格式】命令完成图像的优化工作。

　　使用 Photoshop 和 ImageReady 可以精确地控制 Web 图像的准备以及图像在 Web 页面上的显示方式。在这两个应用程序中都可以指定切片和切片工具创建的区域，以确保导出的 HTML 或 XHTML 文件的功能正常。

14.4　本讲小结

　　本讲主要介绍了图像的优化、掌握图像处理自动化的使用方法、Web 图像与动画设计。掌握了图像的优化可以更方便更快捷地在网络上浏览和传送图像。

14.5　思考与练习

1．选择题

（1）所谓"切片"是指根据（　　　　）创建的图像区域。

　　A．图层　　　　　B．参考线　　　　　C．精确选择区域　　　D．用切片工具

（2）Web 图像最常见的几种网络图片格式有（　　　　）。

　　A．GIF 格式　　　B．JPEG 格式　　　C．PNG-8 格式　　　D．PNG-24

2．判断题

（1）在【动作】调板中，单击按钮，可以创建一个新动作。　　　　　　　　（　　　）

（2）在【动作】调板中，单击即可开始录制动作。　　　　　　　　　　（　　　）

3．上机操作题

打开 "Sample\ch14\人物图像.jpg"，如图 14.5 所示。执行 "Web 照片画廊" 命令为图像创建在线照片画廊。

图 14.5　人物图像

| 提 示 |

在菜单栏中选择【文件】→【自动】→【Web 照片画廊】命令打开【Web 照片画廊】对话框，如图 14.6 所示。可以根据自己的爱好设置样式。

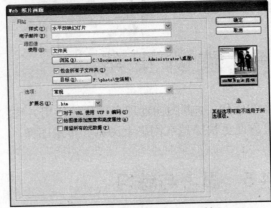

图 14.6　Web 照片画廊对话框

第 **15** 讲 图像的印前工作与打印

本讲介绍了图像印前的处理准备工作、处理流程，以及图像的打印输出方法。图像印前处理流程和图像的打印输出既是重点也是难点。

15.1 图像的印前处理准备工作

当所有的设计工作已经完成，需要将作品打印出来供自己和他人欣赏时，在打印之前还需要对所输出的版面和相关参数进行设置，以确保作品的打印质量。

15.1.1 选择文件的存储格式

有些打印机首选接受 PDF 文件格式的作品，在操作中可以通过文件的存储格式将图像转换为 PDF 文档。下面结合实例介绍转换为 PDF 格式的方法。

❶ 打开 "Sample\ch18\素材\婚纱照.jpg" 文件，如图 15.1 所示。

图 15.1 婚纱照

❷ 在菜单栏中选择【文件】→【存储为】菜单命令，弹出【存储为】对话框。在【格式】的下拉列表中选择【Photoshop PDF】，然后单击 保存 按钮。

❸ 在弹出的【存储 Adobe PDF】对话框的 "Adobe PDF 预设" 下拉菜单中选择【PDF/X】预设。

❹ 在弹出的【存储 Adobe PDF】对话框中，点击 "Adobe PDF 预设" 右 ✔ 按钮弹出下拉菜单，然后选择【PDF/X】预设。如图 15.2 所示。

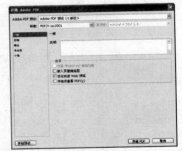

图 15.2 "存储 Adobe PDF" 对话框

❺ 单击 存储 PDF 按钮，文档就被保存为 PDF 格式了。

15.1.2 选择图像分辨率

喷绘的图像往往是很大的，如果大的画面还用印刷的分辨率，那就要累死电脑了。但是喷绘图像分辨率也没有标准要求，下面是几种不同喷绘尺寸使用的分辨率，仅供参考。

分辨率是指单位长度内含有的像素点的数量，它的单位通常用像素/英寸（dpi）来表示。因为现在的喷绘机多以 11.25dpi、22.5dpi、45dpi 作为输出图像的要求，故合理使用图像分辨率可以加快做图速度。

写真一般情况要求 72dpi 就可以了，如果图像过大（如在 Photoshop 新建图像显示实际尺寸时文件大小超过 400MB），可以适当降低分辨率，控制在 400MB 以内即可。

15.1.3　选择色彩模式

喷绘统一使用 CMKY 模式，禁止使用 RGB 模式。现在的喷绘机都是四色喷绘的，它的颜色与印刷色截然不同，当然在做图的时候要按照印刷标准，喷绘公司会调整画面颜色以使之与小样接近。

写真可以使用 CMYK 模式，也可以使用 RGB 模式。注意在 RGB 中大红的值要用 CMYK 定义，即 $M = 100$，$Y = 100$。

15.2　图像的印前处理

在正式打印之前，需要预览作品，检查作品的颜色模式，分辨率等属性是否满足工作要求，若有必要还要进行调整。

15.2.1　图像的印前处理流程

在正式打印之前，预览一下图形文件的打印情况是非常有必要的。要进行打印预览，可以在菜单栏中选择【文件】→【打印】命令进行打印预览。

1. 图像的颜色模式

由于作品的用途和输出方式有所不同，其颜色模式应有不同的设置。

2. 图像的分辨率

图像应该采用什么样的分辨率，最终要以发行媒体来决定。通常情况下，如果希望图像仅用于显示，可将其分辨率设置为 72dpi 或 96dpi（与显示器分辨率相同）；当用于打印时，分辨率要设为 150dpi；如果图像用于印刷输出，则应将其分辨率设置为 300dpi 或更高。

3. 图像的存储格式

PSD：此格式是 Photoshop 专用的文件格式，也是新建文件时默认的存储文件类型，可包含图层通道及颜色模式和文本层。

> **提 示**
>
> 如果要把带有图层的 PSD 格式的图像保存成其格式的图像文件，必须先将图层合并，然后才能进行存储。

BMP：BMP 格式也是 Photoshop 中常用的位图文件格式之一，是 Windows 操作系统中

"画图"程序的标准文件格式。此格式与大多数 Windows 和 OS/2 平台的应用程序兼容。

GIF：几乎所有的软件都支持该文件格式，这种格式的文件大多用于网络传播，可以将多张图像存为一个档案，形成动画效果。GIF 格式为 256 色 RGB 图像，其特点是文件较小，支持透明背景，特别适合作为网页图像。此外，还可利用 ImageReady 制作 GIF 格式的动画。

EPS：该格式是 Adobe 公司专门为矢量图形设计的。它主要用于在 PostScrip 打印机上输出图像，可以在各软件之间进行转换。EPS 格式支持所有的颜色模式，可以用来存储位图图像和矢量图像；但不支持 Alpha 通道。

JPEG：JPEG 是一种压缩效率很高的存储格式。它在压缩时可以控制压缩的范围、选择所需最终图像的质量。JPEG 格式支持 CMYK、RGB 和灰度模式，目前以 JPEG 格式保存的图像文件多用于网页素材的图像，不利于打印。

TIFF：TIFF 格式压缩后文件减小了，但是打开或存储的时间会略长。支持 RGB、CMYK、Lab 索引颜色，位图灰度等颜色模式。

15.2.2 色彩校正

为了取得满意的打印效果，在打印之前，用户还应该使用 Photoshop 强大的色彩校正功能对图像进行处理。

Photoshop 的色彩校正是进行分色打印的重要步骤之一。

进行图像处理时，RGB 色彩模式可以提供全屏幕的 24bit 的色彩范围，即真彩色显示，效果清晰锐丽。但是，如果将 RGB 模式用于打印就不是最佳的了，因为 RGB 模式所提供的部分色彩已经超出了打印范围，因此在打印一幅真彩色的图像时，就必然会损失一部分色彩。这主要是因为打印用的是 CMYK 模式。

CMYK 模式所定义的色彩要比 RGB 模式定义的色彩少很多，因此打印时，系统自动将 RGB 模式转换为 CMYK 模式，这样就难免会损失一部分颜色，出现打印后失真的现象。为了取得最佳的打印效果，用户可以在打印图像之前，将 RGB 图像转换为 CMYK 模式，即打印模式。

| 说 明 |

"色域"是指颜色系统可以显示或打印的颜色范围。对于 CMYK 设置而言，可在 RGB 模式中显示的颜色可能会超出色域，因而无法打印。

Photoshop 为用户提供了最便捷的色彩校正命令。

在菜单栏中选择【视图】→【色域警告】命令，图像中无法打印的部分将呈灰色显示。

在菜单栏中选择【视图】→【校样颜色】命令，可以看到画面中的图像色彩自动校正为打印颜色，图像的模式也由 RGB 转换为 CMYK。

在菜单栏中选择【文件】→【打印】命令，选择色彩管理，校样设置则为"工作中的 CMYK"命令。如图 15.3 所示。

| 提 示 |

用户在进行图像创作时，可以先在 RGB 模式下将图像设计完成，在输出时再转换为 CMYK 模式。滤镜中的大多数命令不支持 CMYK 模式。

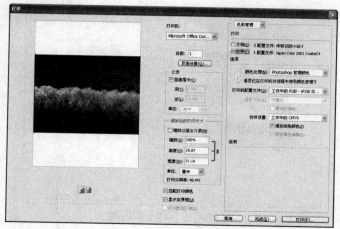

图 15.3 打印对话框

15.2.3 打样和出片

出片是印刷制版的主流方式，在打样之前要完成。打样是在印刷前制作的样章，主要为印刷厂提供追样参考。

1. 打样：分传统打样和数码打样两种。传统打样可以供印刷厂追样参考，并且和印刷的工艺质量基本一致，但是必须出片才能制版打样，所需时间很长，一般超过 5 个小时，油墨需要晾干。数码打样一般可以追样，但是由于是用喷墨的技术，所以颜色和印刷有一定差距，但差距不是很大，仅是更亮一些。数码打样因为具有不用出胶片、成本低和速度快等优点受到对色彩要求不高的客户的青睐，但注意其与喷墨打印在色彩管理上还是有本质区别的。

2. 出片：又叫输出菲林，现在一般指激光照排输出，是印刷制版的主流方式，将电脑中的图文文件，按照印刷的四色法进行机器分色（分成 CMYK 四色）后，通过激光曝光的方式，精密地在胶片上曝光，用于印刷。

15.3 图像的打印输出

设置好页面并完成图形的绘制后，接下来就要考虑打印输出文件了。

15.3.1 设置打印参数

要进行打印，可以在菜单栏中选择【文件】→【打印】命令，弹出【打印】对话框，如图 15.4 所示。

下面简要介绍该对话框中的常用选项。

■ 打印机：在其下拉框中选择打印机。

■ 份数：用来设置打印的份数。

■ 页面设置：单击该按钮可以在打开的【文档属性】对话框中设置字体嵌入和颜色安全等参数。

图 15.4 【打印】对话框

- 位置：用来设置所打印的图像在画面中的位置。
- 缩放后的打印尺寸：用来设置缩放的比例、高度、宽度和分辨率等参数。
- 纵向打印纸张按钮 🖼 （在缩览图下部）：用来设置纵向打印。
- 横向打印纸张按钮 🖼 （在缩览图下部）：用来设置横向打印。
- 校准条：打印 11 级灰度，即一种按 10%的增量（浓度范围为 0～100%）的过渡效果。使用 CMYK 分色，将会在每个 CMYK 印版的左边打印一个校准色条，并在右边打印一个连续颜色条。

15.3.2 打印图像

打印中最为直观简单的操作就是【打印一份】命令，可在菜单栏中选择【文件】→【打印一份】命令打印，也可按 Ctrl + P 组合键打印。

15.3.3 打印指定的图像

打印指定的图像时，有时图像的大小和需要打印的尺寸有差别，需要进行设置。

在菜单栏中选择【文件】→【打印】命令，弹出【打印】对话框。如图 15.5 所示。

选择 页面设置(G)... 按钮，弹出【页面设置】对话框。如图 15.6 所示，可以设置页面属性。

图 15.5 打印对话框

图 15.6 页面设置对话框

| 说　明 |

在【打印】对话框中，可以选择"缩放以适合介质"选项，将打印图像缩放至当前打印纸的尺寸，以完整地打印出指定的图像。

15.4　本 讲 小 结

本讲主要介绍了图像印前的处理准备工作、图像印前处理流程、图像最终的打印输出。我们应该熟练图像的处理流程和图像的打印，这在我们的实际工作中运用得比较广泛。

15.5　思考与练习

1．选择题

（1）打样分为以下两种形式（　　　）

　　A．传统打样　　　　　B．数码打样　　　　C．现代打样　　　　D．电子打样

（2）在打印时，有些打印机首选接受 PDF 文件格式的作品，在操作中可以采用（　　　）快捷键将图像转换为 PDF 文档。

　　A．$\boxed{\text{Shift}}$+$\boxed{\text{Ctrl}}$+$\boxed{\text{S}}$　　B．$\boxed{\text{Ctrl}}$+$\boxed{\text{T}}$　　C．$\boxed{\text{Ctrl}}$+$\boxed{\text{Z}}$　　D．$\boxed{\text{Ctrl}}$+$\boxed{\text{O}}$

2．判断题

（1）进行喷绘时统一使用 CMKY 模式，禁止使用 RGB 模式。　　　　　　（　　　）

（2）进行写真时可以使用 CMYK 模式，禁止使用 RGB 模式。　　　　　　（　　　）

3．上机操作题

打印图像 "Samples\ch15\风光.jpg" 文件，如图 15.7 所示。

图 15.7　"风光" 图片

| 提　示 |

有些打印机首选接受 PDF 文件格式的作品，在打印之前首先要将该文件的存储格式（JPG）转换为 PDF。

第 16 讲 综合实例

▶ 快速导读

本讲介绍了文字特效设计、照片处理、海报设计、书籍装帖设计、网页设计等应用案例的详细制作步骤与方法。

16.1　文 字 特 效

16.1.1　石纹文字特效

1．实例预览

实例效果如图 16.1 所示。

图 16.1　"石纹质感文字"效果

2．实例说明

主要工具或命令：文字工具、云彩滤镜命令和图层样式等。

3．实例步骤

第 1 步：新建文件。

❶ 在菜单栏中选择【文件】→【新建】命令。

❷ 在弹出的【新建】对话框中输入"石纹文字"，设置文件的宽度20cm，高度10cm，分辨率为 72 像素/英寸，颜色模式为 RGB。单击 确定 按钮。如图 16.2 所示。

第 2 步：输入文字。

❶ 选择文字工具 T，在【字符】调板中设置各项参数，颜色设置为黑色，如图 16.3 所示。在图像中单击鼠标，输入文字"大理石"。

图 16.2　新建文件

❷ 在文字图层上右键单击，在弹出的快捷菜单中选择【栅格化文字】命令，将文字图层转化为普通图层。如图 16.4 所示。

图 16.3 　【字符】调板

图 16.4 　将文字图层转换为普通图层

第 3 步：编辑文字。

❶ 设置前景色为黑色，在按住 Ctrl 键的同时单击文字图层前的缩览图，载入文字选区。如图 16.5 所示。

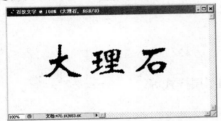

图 16.5 　载入文字选区

❷ 在菜单栏中选择【滤镜】→【渲染】→【云彩】命令，生成云彩效果，然后按 Ctrl+D 组合键取消选区。如图 16.6 所示。

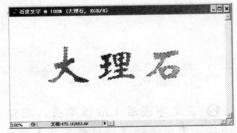

图 16.6 　云彩效果

❸ 在菜单栏中选择【图像】→【调整】→【曲线】命令，在弹出的【曲线】对话框中设置各项参数，单击 确定 按钮。如图 16.7 所示。

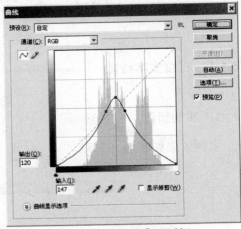

图 16.7 　【曲线】对话框

❹ 在菜单栏中选择【滤镜】→【素描】→【基底凸现】命令，在弹出的【基底凸现】对话框中设置各项参数，单击 确定 按钮。如图 16.8 所示。

图 16.8 　【基底凸现】对话框

❺ 在菜单栏中选择【滤镜】→【艺术效果】→【海报边缘】命令，在弹出的【海报边缘】对话框中设置各项参数，单击 确定 按钮。如图 16.9 所示。

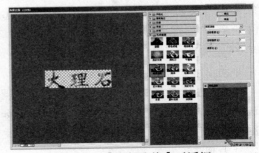

图 16.9 　【海报边缘】对话框

第 4 步: 添加图层样式。

❶ 单击【添加图层样式】按钮 *fx*，给图案添加【投影】和【斜面浮雕】效果，设置其参数。分别如图 16.10 与图 16.11 所示。

❷ 单击 确定 按钮，最终效果如图 16.11 所示。

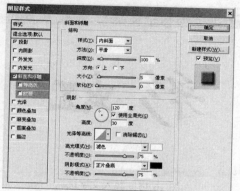

图 16.10　设置【投影】

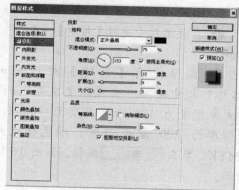

图 16.11　设置【斜面浮雕】

4. 实例总结

本实例综合运用文字工具、云彩滤镜命令和图层样式等工具或命令制作文字的石纹特效。

16.1.2　金属渐变文字

1. 实例预览

实例效果如图 16.12 所示。

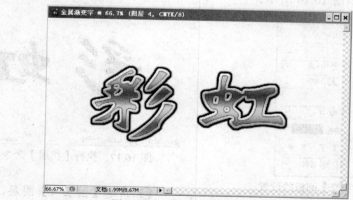

图 16.12　"金属渐变文字"效果

2. 实例说明

主要工具或命令：文字工具、渐变填充工具和图层样式命令等。

3. 实例步骤

第 1 步: 新建文件。

❶ 在菜单栏中选择【新建】→【文件】命令。

❷ 在弹出的【新建】对话框的"名称"框中输入"金属渐变文字",设置文件宽度为 120mm,高度为 70mm,分辨率为 200 像素/英寸,颜色模式为 CMYK。单击 确定 按钮。如图 16.13 所示。

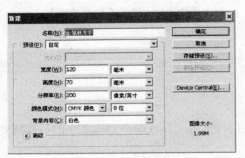

图 16.13 新建文件

第 2 步: 输入文字。

选择【文字工具】 T ,输入文字"彩虹"。在【字符】调板上设置参数,将字体颜色设置为黑色。如图 16.14 所示。

图 16.14 【字符】调板的设置

第 3 步: 调整文字。

❶ 在按住 Ctrl 键的同时单击文字图层"彩虹"前的缩览图载入文字选区。如图 16.15 所示。

图 16.15 载入文字选区

❷ 选择【选择】→【修改】→【扩展】命令,在弹出的【扩展选区】对话框中设置"扩展量"为"5"像素,如图 16.16 所示。效果如图 16.17 所示。

图 16.16 【扩展选区】对话框

图 16.17 执行【扩展】命令后的效果

❸ 新建【图层 1】图层,设置背景色为金黄色(C 为 2,M 为 12,Y 为 100,K 为 0)。按 Ctrl+Delete 组合键进行背景色填充,再按 Ctrl+D 组合键取消选区,效果如图 16.18 所示。

图 16.18　填充背景色

第 4 步：添加图层样式。

❶ 双击【图层 1】的灰色区域，在弹出的【图层样式】对话框中分别选择【斜面与浮雕】选项，然后在面板中设置各项参数，其中【斜面和浮雕】中的阴影颜色为褐色（C 为 40，M 为 77，Y 为 98，K 为 5），如图 16.19 所示。选择【等高线】选项，在对话框中设置各项参数，如图 16.20 所示。

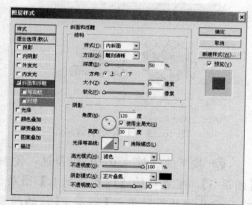

图 16.19　【斜面与浮雕】选项

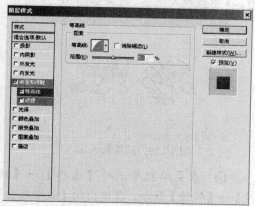

图 16.20　【等高线】选项

❷ 选择【渐变叠加】选项，单击【渐变】色条，弹出【渐变编辑器】对话框，设置色标依次为黄色（R 为 227、G 为 160、B 为 1）、褐色（R 为 114、G 为 75、B 为 0）、黄色（R 为 255、G 为 203、B 为 56）、浅黄色（R 为 254、G 为 236、B 为 112）、褐色（R 为 114、G 为 75、B 为 0）、黄色（R 为 255、G 为 203、B 为 56）、黄色（R 为 255、G 为 239、B 为 56），然后单击 确定 按钮。如图 16.21 所示。

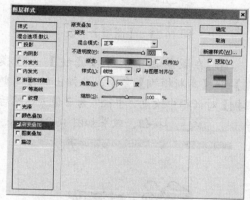

图 16.21　设置【渐变叠加】选项

❸ 按下 Ctrl 键的同时单击【图层 1】前的缩览图载入文字选区。在菜单栏中选择【选择】→【修改】→【扩展】命令，在弹出的【扩展选区】对话框中设置"扩展量"为 2 像素，然后单击 确定 按钮。如图 16.22 所示。

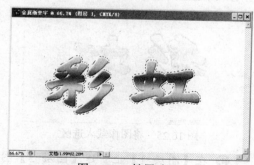

图 16.22　扩展选区

第 5 步：绘制细节。

❶ 新建【图层 2】图层，设置前景色为黑色，按 Alt+Delete 组合键填充，再按 Ctrl+D 组合键取消选区。

❷ 将【图层 1】放置到最上方，选择【图层 2】图层，然后按住 Ctrl+J 组合键复制【图层 2】，生成新的【图层 2 副本】图层。如图 16.23 所示。

图 16.23 【图层】调板

❸ 在菜单栏中选择【滤镜】→【模糊】→【高斯模糊】命令，在弹出的【高斯模糊】对话框中设置"半径"为 2 像素，然后单击 确定 按钮。效果如图 16.24 所示。

图 16.24 选择【高斯模糊】命令

❹ 按下 Ctrl 键的同时单击【图层 1】前的缩览图，将图像载入选区。如图 16.25 所示。

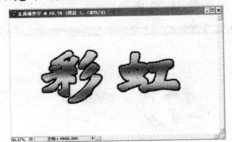

图 16.25 将图像载入选区

❺ 在【图层 1】上新建【图层 3】图层，在菜单栏中选择【编辑】→【描边】命令，在弹出的【描边】对话框中设置"宽度"为 8px，颜色为白色，单击 确定 按钮。如图 16.26 所示。按 Ctrl+D 组合键取消选区。效果如图 16.27 所示。

图 16.26 【描边】对话框

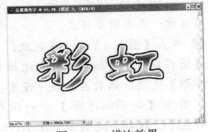

图 16.27 描边效果

❻ 设置【图层 3】的混合模式为【柔光】，效果如图 16.28 所示。

图 16.28 【柔光】效果

❼ 按下快捷键 Ctrl+J 组合键，复制【图层 3】，生成新的【图层 3 副本】图层，按下 Ctrl 键的同时单击【图层 1】前的缩览图，将图像载入选区，效果如图 16.29 所示。

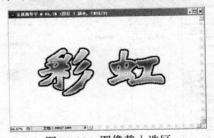

图 16.29 图像载入选区

❽ 在菜单栏中选择【选择】→【修改】→【收缩】命令，在弹出的【收缩选区】对话框中设置收缩量为 8px。如图 16.30 所示。

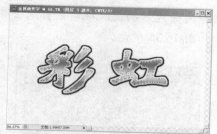

图 16.30 选择【收缩】命令

第 6 步：添加描边。

❶ 新建【图层 4】，在菜单栏中选择【编辑】→【描边】命令，在弹出的【描边】对话框中设置"宽度"为 1px，颜色为黑色，单击 确定 按钮，按 Ctrl+D 组合键取消

选区。效果如图 16.31 所示。

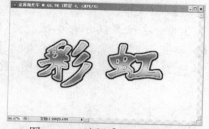

图 16.31 选择【描边】命令

❷ 在菜单栏中选择【滤镜】→【模糊】→【高斯模糊】命令，在弹出的【高斯模糊】对话框中设置"半径"为 0.3 像素，最终效果如图 16.12 所示。

4. 实例总结

本实例综合运用文字工具、滤镜命令和图层样式等工具或命令，制作文字的金属渐变特效。

16.2 照片处理——修改照片斑痣

1. 实例预览

实例处理前后的效果分别如图 16.32 与 16.33 所示。

图 16.32 修复前的效果

图 16.33 修复后的效果

2. 实例说明

主要工具或命令：缩放工具和修补工具等。

3. 实例步骤

第 1 步：打开文件。

❶ 打开 "Sample\ch16\去黑痣、青春痘.jpg" 文件。如图 16.32 所示。

第 2 步：使用素材。

❶ 选择【缩放工具】🔍 单击要修复的眼睛，将其放大以便于查看。

❷ 选择【修补工具】 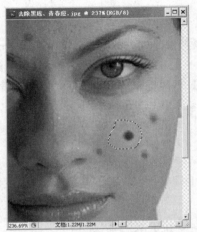，在属性栏中单击【源】 ⊙ 按钮。

第3步：去除黑痣和青春痘。

❶ 将光标移至需要去除的部位上，单击并拖动鼠标创建选区。如图 16.34 所示。

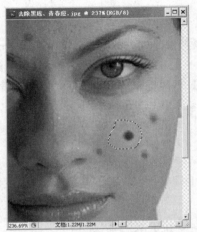

图 16.34　拖动鼠标创建选区

❷ 创建选区后，将光标移至选区内，

单击并向旁边好的皮肤拖动鼠标来去除黑痣。如图 16.35 所示。

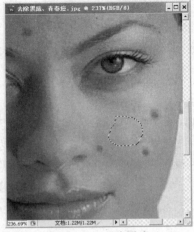

图 16.35　去除黑痣

第4步：去除黑痣和青春痘。

❶ 使用同样的方法修复人物脸部其他部位的痘痘和黑痣。

❷ 修复完毕后，按 Ctrl+D 组合键取消选区，最终效果如图 16.33 所示。

4．实例总结

本实例综合运用缩放、修补画笔等工具，修复人物面部瑕疵。

16.3　海 报 设 计

使用 Photoshop 可以设计、制作出精美的海报效果，起到有效的宣传和推广作用。本实例为制作"首届大学生校园艺术节"的海报设计。

1．实例预览

实例效果如图 16.36 所示。

2．实例说明

主要工具或命令：渐变工具、文字工具、画笔工具、钢笔工具、选框工具和添加样式等。

图 16.36　"首届大学生艺术节"海报设计效果

3. 实例步骤

第 1 步：设置图像及背景。

❶ 在菜单栏中选择【文件】→【新建】命令，在弹出的【新建】对话框中设置宽度为 12cm，高度为 15cm，分辨率为 150 像素/英寸，如图 16.37 所示。单击 确定 按钮。

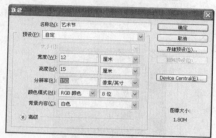

图 16.37　新建对话框

❷ 设置前景色为#c5baf1，背景色为#44447c，在工具箱中选择渐变工具，在工具属性栏中选择径向渐变按钮，在背景图层中，设置从图像中心到边缘的填充渐变。如图 16.38 所示。

图 16.38　绘制渐变

❸ 选择图层面板上的新建图层按钮，新建【图层 1】图层，选择椭圆选框工具，在【图层 1】上绘制椭圆选区。如图 16.39 所示。

❹ 设置前景色为#f5a2fa，背景色为#ed07fb，选择工具箱中的渐变工具，在工具属性栏中选择径向渐变按钮，在选区中从中心到边缘填充渐变。如图 16.40 所示。

图 16.39　绘制椭圆选区

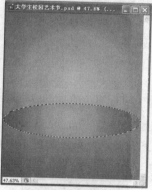

图 16.40　填充椭圆选区

第 2 步：绘制舞台背景。

❶ 单击图层面板上的新建图层按钮，新建【图层 2】图层，选择矩形选框工具和椭圆选框工具，选择添加选区按钮，绘制选区。如图 16.41 所示。

图 16.41　创建选区

❷ 移动选区至图像底部，如图 16.42 所示。

图 16.42　绘制选区

❸ 设置前景色为#ed4e60，按 Alt + Delete 快捷键填充前景色，然后把选区上移，如图 16.43 所示。

图 16.43　填充选区、移动选区

❹ 设置前景色为#ae4c58，按 Alt + Delete 快捷键填充前景色，效果如图 16.44 所示。

图 16.44　填充选区

❺ 把选区上移，如图 16.45 所示。

图 16.45　移动选区

❻ 设置前景色为#ed4e60，按 Alt + Delete

快捷键填充前景色，如图 16.46 所示。

图 16.46　填充选区

❼ 重复执行以上操作，得到如图 16.47 所示效果。

图 16.47　绘制背景

❽ 按 Ctrl + D 组合键取消选区，通过鼠标拖动调整【图层 1】和【图层 2】的位置。如图 16.48 所示。

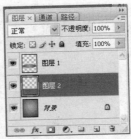

图 16.48　图层调板

❾ 选择工具箱中的移动工具 ，将【图层 1】移动到图 16.49 所示位置。

图 16.49　移动图层

第 3 步：绘制舞台透视效果。

❶ 选 矩形选框工具，画出选区并填充# f6586a 颜色，效果如图 16.50 所示。

图 16.50　填充选区

❷ 用同样的方法画出新选区并填充 #a24a54 颜色，效果如图 16.51 所示。

图 16.51　填充选区

❸ 用上面的方法重复操作得到如图 16.52 所示的效果。

图 16.52　绘制矩形

❹ 在菜单栏中选择【编辑】→【变换】→【透视】命令，按 Enter 键得到如图 16.53 所示的效果。

图 16.53　透视舞台效果

第 4 步：绘制乐谱。

❶ 选择工具箱中的 工具，确认工具属性栏中的 按钮处于被选中状态，在画布上绘制如图 16.54 所示的形状。

图 16.54　钢笔工具绘制路径

❷ 用转换点工具调整路径，如图 16.55 所示。

图 16.55　编辑路径

❸ 选择工具箱中的画笔工具 ，设置主直径为 5px，硬度为 100%，如图 16.56 所示。设置前景色为#fbfe04，单击【路径】面板中"用画笔描边路径"按钮 ，得到的效果如图 16.57 所示。

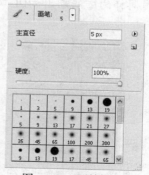

图 16.56　画笔调板

图 16.57　用画笔描边路径

❹ 用同样的方法反复操作，画出其他 4 条线，效果如图 16.58 所示。

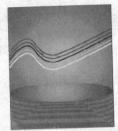

图 16.58　绘制乐谱线

❺ 新建【图层 5】图层，选择工具箱中的"自定义形状工具"，单击填充像素按钮，选择"高音谱号"形状，设置前景色为#fc0208，在图层上绘制如图 16.59 所示的音符。

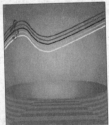

图 16.59　绘制音符

❻ 用同样的方法画出如图 16.60 所示的效果。

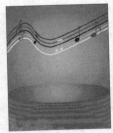

图 16.60　绘制全部音符

❼ 在菜单栏中选择【图层】→【图层样式】→【斜面和浮雕】命令，打开【图层样式】对话框，选择"浮雕效果"并设置其大小为 5 像素，然后选择"外发光"，设置杂色为#14fe02，扩展为 10%，大小为 18 像素，如图 16.61 所示，然后单击　确定　按钮，效果如图 16.62 所示。

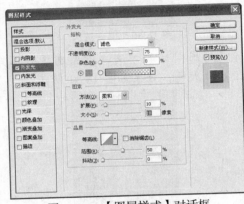

图 16.61　【图层样式】对话框

图 16.62　图层样式效果

第 5 步：添加文字和人物。

❶ 输入文字"艺术节"，并设置字号为 72，颜色为#fbf904，字体为华文行楷，右键单击图层面板中的文字层，选择"栅格化文字"。

❷ 在菜单栏中选择色【图层】→【图层样式】→【斜面和浮雕】命令，在弹出【图层样式】对话框中设置大小为 10 像素。选择"外发光"，设置发光颜色为#fcfc01，扩展为 12%，大小为 35 像素。选择"描边"，设置大小为 4 像素。效果如图 16.63 所示。

图 16.63 图层样式效果

图 16.65 调整人影的不透明度

❸ 在菜单栏中选择【文件】→【打开】命令，打开 "Sample\ch16\人影.jpg" 文件。使用移动工具把 "人影" 拖曳到 "艺术节" 文档中。使用魔棒工具 ，选取图像中的白色区域，然后按 Delete 键，效果如图 16.64 所示。并调图层的 "不透明度" 为 30%，图层调板如图 16.65 所示。

❹ 输入 "首届大学生校园"，设置字号为 30，然后单击 "样式" 面板的 "烛光" 按钮 ，效果如图 16.66 所示。

图 16.64 加入人物后的效果

图 16.66 添加文字

❺ 在图的下面输入主办方的名称、地点和联系方式，最终效果如图 16.36 所示。

4. 实例总结

本实例通过运用渐变工具、文字工具、画笔工具、钢笔工具、选框工具和添加样式等工具或命令制作海报。在制作时，如果图层很多可以将同类型的图层进行编组处理，以便于管理。

16.4 书 籍 装 帧

使用 Photoshop 可以设计并制作出个性化的书籍封面及书籍的立体效果。本实例以

《古典诗词》的封面设计为例进行介绍。

1. 实例预览

实例的效果如图 16.67 所示。

2. 实例说明

主要工具或命令：渐变工具、文字工具、自定义形状工具、添加样式、变换等命令。

3. 实例步骤

图 16.67 《古典诗词》封面设计的效果

第 1 步：绘制书籍封面。

❶ 在菜单栏中选择【文件】→【新建】命令，在【新建】对话框中设置宽度为 8cm，高度为 10cm，分辨率为 150 像素/英寸，如图 16.68 所示。单击 确定 按钮。

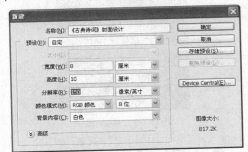

图 16.68 【新建】对话框

❷ 单击图层面板上的新建图层按钮，新建【图层 1】图层，选择矩形选框工具绘制选区，如图 16.69 所示。

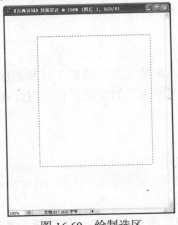

图 16.69 绘制选区

❸ 设置前景色为# 8f7b13，按 Alt+Delete 组合键给选区填充前景色，按 Ctrl+D 组合键取消选区，如图 16.70 所示。

图 16.70 填充选区

❹ 在菜单栏中选择【滤镜】→【纹理】→【纹理化】菜单命令，默认参数不变，然后单击 确定 按钮，效果如图 16.71 所示。

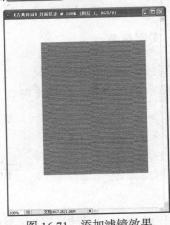

图 16.71 添加滤镜效果

❺ 在菜单栏中选择【图层】→【图层样式】→【斜面和浮雕】菜单命令，设置大小为 1 像素，其他参数不变，然后单击 确定 按钮，效果如图 16.72 所示。

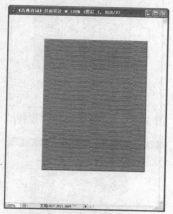

图 16.72 斜面浮雕效果

第 2 步：绘制文字与装饰图案。

❶ 单击工具箱中的直排文字工具 T，输入"古典诗词"，设置字号为 30，颜色为黑色，字体为隶书。右键单击图层面板中的文字层，选择"栅格化文字"，在菜单栏中选择【图层】→【图层样式】→【斜面和浮雕】命令，设置浮雕效果的大小为 3 像素，其他参数不变，效果如图 16.73 所示。

图 16.73 输入文字并设置样式

❷ 单击图层面板上的新建图层按钮 ，新建【图层 2】图层。单击"填充像素"按钮 。选择工具箱中的"自定义形

状工具" ，在其中选择饰件形状，设置前景色为#fbe704，在图层上绘图，如图 16.74 所示。

图 16.74 绘制自定义形状

❸ 在菜单栏中选择【图层】→【图层样式】→【斜面和浮雕】命令，设置浮雕效果大小为 3 像素，其他参数不变。选择【图层 2】图层，并复制出【图层 2 副本】图层。在菜单栏中选择【编辑】→【变换】→【垂直翻转】菜单命令，然后选择工具箱中的 工具，将"图层 2 副本"移动至如图 16.75 所示位置。

图 16.75 复制自定义形状

第 3 步：绘制装饰图案和文字。

❶ 单击图层面板上的新建图层按钮 ，新建【图层 3】图层。单击"填充像素"按钮 。选择工具箱中的"自定义形状工具" ，并在其中选择"饰件 1"形状，在图层上绘图，如图 16.76 所示。

图 16.76　绘制图案

❷ 在菜单栏中选择【编辑】→【变换】→【旋转 90 度（逆时针）】命令，选择工具箱中的移动工具，将图案移至如图 16.77 所示位置。

图 16.77　移动图案

❸ 选择【图层 3】图层，并复制出【图层 3 副本】图层。在菜单栏中选择【编辑】→【变换】→【垂直翻转】命令，然后选择工具箱中的工具，移动"图层 3 副本"至合适的位置，选择【图层 3】和【图层 3 副本】图层，然后按 Ctrl+E 组合键合并图层，在菜单栏中选择【图层】→【图层样式】→【斜面和浮雕】命令，设置浮雕效果的大小为 2 像素，其他参数不变。如图 16.78 所示。

❹ 选择【图层 3】图层，复制出【图层 3 副本】图层。在菜单栏中选择【编辑】→【变换】→【水平翻转】命令，然后选择工具箱中的工具，移动"图层 3 副本"至如图 16.79 所示位置。

图 16.78　复制图案并设置样式

图 16.79　复制图案使之水平翻转

❺ 选择工具箱中的"直排文字工具"，输入"文学之精华"，设置字号为 15，字体为隶书，颜色为#fd1a1a。然后输入"名家之经典"和"文学之精华"。在工具箱中选择横排文字工具，输入"古典诗词出版社"名称，设置字号为 10、字体为隶书，颜色为黑色。如图 16.80 所示。

图 16.80　输入出版社名称

❻ 选择"文学之精华"和"名家之经典"两个文字图层，右键单击图层调板，选择"栅格化文字"命令。按 Ctrl + E 合并图层。然后在菜单栏中选择【图层】→【图层样式】→【斜面和浮雕】命令，设置浮雕效果的大小为 2 像素，其他参数不变，效果如图 16.81 所示。

图 16.81　浮雕效果

❼ 用同样的方法对文字"古典诗词出版社"进行栅格化并添加浮雕效果。如图 16.82 所示。

图 16.82　出版社名称的浮雕效果

第 4 步：绘制书脊和书厚。

❶ 单击图层面板上的新建图层按钮，新建【图层 4】图层，选择工具箱中的 工具，单击路径 按钮，在图层上绘制如图 16.83 所示的形状。

❷ 按 Ctrl+Enter 组合键将路径转换为选区。设置前景色为 # 97831b，背景色为 #b89f16，选择工具箱中的渐变工具 ，在

工具属性栏中选择线性渐变，从左到右在选区中拖动光标，按 Ctrl+D 组合键取消选区。效果如图 16.84 所示。

图 16.83　绘制路径

图 16.84　填充选区

❸ 单击图层面板上的新建图层按钮，新建【图层 5】图层。单击 按钮，使用矩形选框工具 和椭圆选框工具 ，绘制出如图 16.85 所示的选区，然后选择【图层 4】图层为当前层，并按 Delete 键。

图 16.85　转换选区

❹ 选择【图层 5】图层，设置前景色为#dfdbc7，按 Alt+Delete 组合键给选区填充前景色，在菜单栏中选择【滤镜】→【杂色】→【添加杂色】命令，设置数量为 20%，平均分布。然后选择【滤镜】→【模糊】→【动感模糊】命令，设置角度为 0，距离为 30 像素，效果如图 16.86 所示。按 Ctrl+D 组合键取消选区。

图 16.86 滤镜效果

❺ 选择【图层 5】图层，在菜单栏中选择【图层】→【图层样式】→【斜面和浮雕】命令，设置大小为 1 像素，其他参数不变，复制出【图层 5 副本】图层。选择【图层 5 副本】图层，在菜单栏中选择【编辑】→【变换】→【垂直翻转】命令，选择工具箱中的工具，移动位置如图 16.87 所示。

图 16.87 复制图层

❻ 单击图层面板上的新建图层按钮，新建【图层 6】图层，选择工具箱中的矩形选框工具，在书脊上绘制矩形选区，设置前景色为# 8f7b13，按 Alt+Delete 组合键给选区填充前景色，按 Ctrl+D 组合键取消选区。然后在菜单栏中选择【图层】→【图层样式】→【斜面和浮雕】命令，设置浮雕效果的大小为 2 像素，其他参数不变，效果如图 16.88 所示。

图 16.88 浮雕效果

❼ 设置【背景图层】为不可见，在菜单栏中选择【图层】→【合并可见图层】命令，再选择【图层】→【图层样式】→【投影】命令，设置混合模式为正常，不透明度 75%，大小为 5，扩展为 3。然后选择【编辑】→【变换】→【透视】命令，最后双击画面得到最终效果，如图 16.67 所示。

4. 实例总结

本实例通过运用渐变工具、文字工具、自定义形状工具和添加样式和变换命令等制作书籍封面。在制作时，如果图层很多可以将同类型的图层进行合并处理，以便于管理。

16.5 网 页 设 计

网页设计是 Photoshop 的一种拓展功能，是网站程序设计的好搭档。本实例以房地产公司的网站设计为例进行介绍。

1. 实例预览

实例效果如图 16.89 所示。

图 16.89 花郡网站首页设计效果

2. 实例说明

主要工具或命令：渐变工具、文字工具、矩形选框工具和变换命令等。

3. 实例步骤

第 1 步：创建网页页面。

❶ 在菜单栏中选择【文件】→【新建】命令，设置宽度为 800 像素、高为 600 像素，分辨率为 72，颜色模式为 Lab 颜色的文件，在"名称"栏中输入"花郡房地产"。单击 ▭ 确定 ▭ 按钮。如图 16.90 所示。

图 16.90 【新建】对话框

❷ 单击矩形选框工具按钮 ▢，在页面中创建矩形。设置前景色为灰色（C 为 14、M 为 10、Y 为 9、K 为 0），如图 16.91 所示。

图 16.91　前景色设置

❸ 按 Alt+Delete 键，用前景色填充矩形选框区域。效果如图 16.92 所示。

图 16.92　灰色填充矩形区域

❹ 使用同样的方法，创建并填充深蓝色（R 为 23、G 为 27、B 为 112）矩形。如图 16.93 所示。

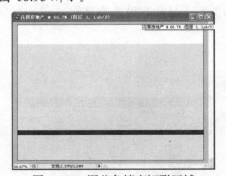

图 16.93　深蓝色填充矩形区域

第 2 步：插入素材图片。

❶ 打开 "Sample\ch16\外景.jpg" 文件，

选择移动工具 ▸⊕，将"外景"图片拖至"花郡房地产"文档中。按 Ctrl+T，调整图像的大小。如图 16.94 所示。

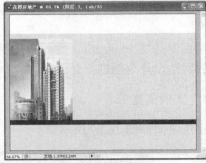

图 16.94　拖移素材图

❷ 选择矩形选框工具，在画面中创建矩形选区，设置前景色为深灰色（R 为 122、G 为 121、B 为 151），背景色为白色，选择渐变工具 ▭，为矩形填充前景到背景渐变。如图 16.95 所示。

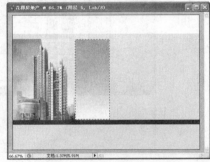

图 16.95　创建渐变矩形区域

❸ 打开 "Sample\ch16\内景.jpg" 文件，将"内景"图片拖至"花郡房地产"文档中，并调整"内景"图片到合适的位置。绘制矩形并填充紫色（R 为 211、G 为 176、B 为 207）到白色的渐变。如图 16.96 所示。

图 16.96　搬移内景

第 3 步：输入文字。

❶ 选择文字工具，设置文字颜色为红色#fe0505，字体为方正姚体，大小为 12 点。输入文字"当繁华演尽，才知道……"，如图 16.97 所示。

图 16.97　输入文字

❷ 继续输入文字"居云上，心悠然……"，字体不变，颜色为黑色。如图 16.98 所示。

图 16.98　输入文字

❸ 打开"Sample\ch16\标志.jpg"文件，将"标志"图片拖至"花郡房地产"文档中，并将"标志"图片放置于画面的左上角。如图 16.99 所示。

图 16.99　拖放标志

❹ 调整"标志"图片大小。然后输入网页的链接目录"项目介绍、项目规划、园林特色、户型展示、资质证书"。将其放置于画面的右侧。分别做二级内容页的链接。完成的网站首页的最终效果如图 16.89 所示。

4. 实例总结

本实例通过运用渐变工具、文字工具、矩形选框工具和变换命令等制作网页设计。在制作时，要注意网页设计的要点和色彩的搭配。

16.6　本讲小结

本讲主要介绍了文字特效设计、照片处理、海报设计、网页设计等详细的制作步骤与原理。这些例子的介绍可以帮助读者巩固前面学习的内容，通过本讲学习，读者可以抓住制作的要领，开拓思路，结合实际工作中积累的经验，制作出更多、更漂亮的作品。

16.7 思考与练习

1. 上机操作题

（1）制作球面字。

（2）去除红眼。

去除图 16.101 中人物的红眼，制作如图 16.102 所示的效果。

图 16.100　球面字

图 16.101　人物

图 16.102　去除红眼效果

（3）制作一幅面包促销海报。

利用图 16.103、图 16.104 制作如图 16.105 所示的一幅面包促销海报。

图 16.103　文字

图 16.104　面包

图 16.105　面包促销海报

（4）制作个人简历。

利用图 16.106、图 16.107 制作如图 16.108 所示的个人简历。

图 16.106　商务图

图 16.107　地球

图 16.108　个人简历